# 我们的情景家

何见风 编著

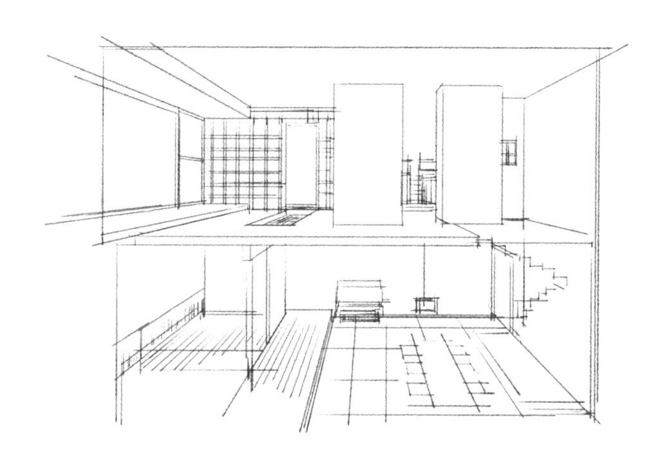

机械工业出版社
CHINA MACHINE PRESS

《我们的情景家》手把手引导你用空间、时间、人物三大要素来构思房子设计。作者首创“情景设计”，从梦想情景倒推出设计之间的逻辑与思维框架，颠覆了传统户型布局的固定思维。

作者希望用生活美学来唤醒更多家庭回归生活与日常。无论房子大小，如果足够用心，也可以从朝向、户型等要素与情景设计结合，进行有效的改造与搭配。

本书不仅分享室内设计心得，同时也给出了如何以简朴的生活方式来经营自己的家庭。在充满诗意与哲学的居家美学描述中，藏着触手可得的烟火气。


**图书在版编目（CIP）数据**

我们的情景家 / 何见风编著. —北京：机械工业出版社，2023.8
ISBN 978-7-111-73326-3

Ⅰ. ①我…　Ⅱ. ①何…　Ⅲ. ①室内设计　Ⅳ. ①TU238

中国国家版本馆CIP数据核字（2023）第105751号

机械工业出版社（北京市百万庄大街22号　邮政编码100037）
策划编辑：卢志林　　责任编辑：卢志林　范琳娜
责任校对：张亚楠　张薇　　责任印制：常天培
北京宝隆世纪印刷有限公司印刷
2023年9月第1版第1次印刷
170mm×230mm · 15.25印张 · 2插页 · 53千字
标准书号：ISBN 978-7-111-73326-3
定价：79.80元

电话服务　　网络服务
客服电话：010-88361066　　机　工　官　网：www. cmpbook. com
010-88379833　　机　工　官　博：weibo. com/cmp1952
010-68326294　　金　书　网：www. golden-book. com



机工教育服务网：www. cmpedu. com

# 前言

我于2006年大学毕业，一直从事私宅设计研究。毕业那刻开始，就下定决心把住宅设计当成一辈子的职业。在17年职业生涯中，设计过各种规格的房子，也遇见过形形色色的客户。我一直在问自己，要成为什么样的设计师？要做什么样的设计？要服务于什么样的人群？

在追求与探索中，我经历了结婚、生娃，目前有3个孩子。有了家庭后，必须分配出时间去经营家庭，也必须思考如何教育好孩子。我常常问自己，如果把这些经历当作一个设计项目，是否需要规划、方向和执行呢？

因为私宅设计与家庭生活有绝对的关联。我在经营家庭生活与思考职业方向时，一直在寻找结合点。首先，我很确定一点，单靠设计是无法改变生活的。17年职业生涯里，我见过很多没有任何烟火气的“漂亮”住宅，也见过一个月开不了几次火的先进厨房。

写到这里，我想起了大学时期的一段实习经历，实习公司的那位老板做事得体大方，与客户沟通设计方案时也很有见地。有一次，我和同事去他家取文件，重新认识了这位老板。一进家门，首先闻到一股异味，厨房水槽里堆着碗碟，上面还有剩菜残渣与蚊虫，家里也是一团乱，我们很难把这位老板的形象与这个家对应起来。可以看出，这个房子是新装修的，也用了高档的材料，空间足够大，但乱糟糟的，一不留神，我踩到了客厅的一个啤酒瓶，差点摔倒。后来听同事说，老板与太太在闹离婚，生活一团糟，只能靠工作来麻痹自己。

从那时开始，我开始留意每个项目背后的家庭关系，也会后续追踪评估每个项目的价值。我逐步意识到在设计中讨论的很多细节或者说很多用户在前期沟通时刻意强调或看重的点，在实际生活中起不到任何作用。如很多别墅的KTV，当初很多用户认为会常用，可实际上根本用不了几回，还常常有一股霉味。还有大浴缸或蒸拿房等，其实大部分都是闲置的。

因为每个人的时间都是有限的，而每一天的时间安排也是基本固定的。如果我们一心在外追求更多的成就，就意味着没有多余的时间来经营家庭，也没有太多时间去享受当初充满热情去打造的那个家。

特别是移动互联网时代，基本每个人都和手机捆绑了，我们花了大量时间在手机上寻找满足，填补内心的空洞，其实到最后心里还是空荡荡的。信息的爆炸让这个时代变得很特别，但不一定会更好。我们用来经营家庭、夫妻共同学习、高质量的亲子陪伴的时间都会越来越少。

如果说17年前我实习时的老板因为工作太忙而牺牲了家庭，倒不如说是因为家庭关系没有刻意经营而变得不再美好。而17年后的今天，依然有很多人还没有刻意去学习经营家庭。

当我不断地观察与思索私宅的价值与意义时，发现所谓的“设计改变生活”，只是一个漂亮的谎言。除非客户自身觉醒，从内心想去改变生活的现状，有一颗愿意重新寻找生活意义的火热之心。

明确这点后，就开始严格筛选客户，我所选择的客户也许并不太富有，原始户型也不一定完美。但他们必须拥有美好的家庭关系，并且愿意为这种关系不断学习与追求。

而我则想通过这些项目的不断深入研究与持续记录，分享设计的真实经历与感受来引导更多人思考家庭关系的重要性。私宅设计只不过是规划出一个更好的生活场所，而情景的呈现则需要生活在里面的人不断学习与觉醒、破碎与重生，才能呈现出一幕又一幕的美好生活情景。

《我们的情景家》是我自己的家。作为此类型客户的代表，我用3年的时间来记录整理这个情景家。之所以称它为实验型住宅，很大一部分原因是：我从一位居住者视角来思考设计。如果这个户型的规划能改变我们的生活，那么绝大多数的户型也能改变他们的生活。在书中，我会从专业角度分享情景设计的构思与框架，也会从用户思维反馈不同阶段的情景体验。但重要的是，我会与你们分享真实的建造过程及我们在不同生活阶段的点滴思考。

希望这不仅仅是我的情景家，也是你的情景家，这也是书名为《我们的情景家》的原因。如果这本书能够带给你对私宅设计的思考，唤起你对家庭关系的重视，我会觉得无比欣喜。房子尚且需要规划与设计，我们的一生，又何尝不是一种情景设计呢？

# 目　录

## 第三章
## 情景设计三大要素 125

第一章

# 情景平面布局设计

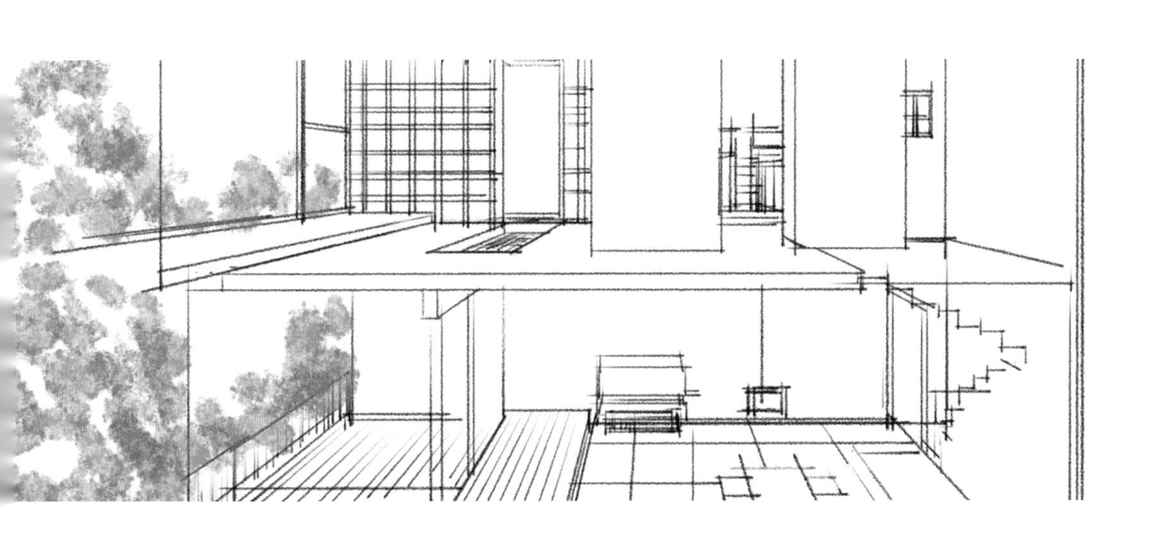

# 初见原户型

在老三刚出生时，我觉得是时候重新建造一个更符合孩子们成长的家。太太大体赞同我的方向，却也提出了要求：不可以借贷买房。我就先了解各个区域的房价和户型。

一天晚上，在房产平台上看到我们居住的小区有一套复式户型，空间看起来很拥挤，却有着我非常看重的阳光及露台。于是赶紧联系中介，去看了户型。这是整个小区唯一的一栋复式户型的楼，且朝向为东南，更重要的是内墙有可拆除的结构（小区其

首层大厅 1

二层露台

首层大厅 2

他户型基本是内墙就是承重墙），房东人也非常好，愿意等我的资金到位。

非常神奇的是，当天中介公司的业务经理在我居住的小区物色三居室，听说我想换房，很感兴趣，我看上的房交定金后，经理来到我现在的家看房，两小时后就卖掉了。就这样，在同一天里，同一小区里我完成了置换。最重要的是，我遵守了对太太的承诺，不借贷买房。

换掉原来的房子不是因为面积，而是朝向与结构本身的局限，当然，空间也较难容纳我们一家五口的生活。交付房子给新主人之前，我们还很仔细地清理了房子并做了一次非常有仪式感的道别。毕竟，这也是我们生活了几年的地方。

说回新购房子的户型。说它是刚需户型一点也不为过，每个功能区域布局都很紧凑。在这个户型布局中，95%的用户都是按照原户型进行家具摆放，然后让生活情景来适应空间安排。

这个户型的主朝向是东南向。从原结构可以看出，它有五个房间，虽然每个房间都不大。原房东也从事建筑设计工作，据他

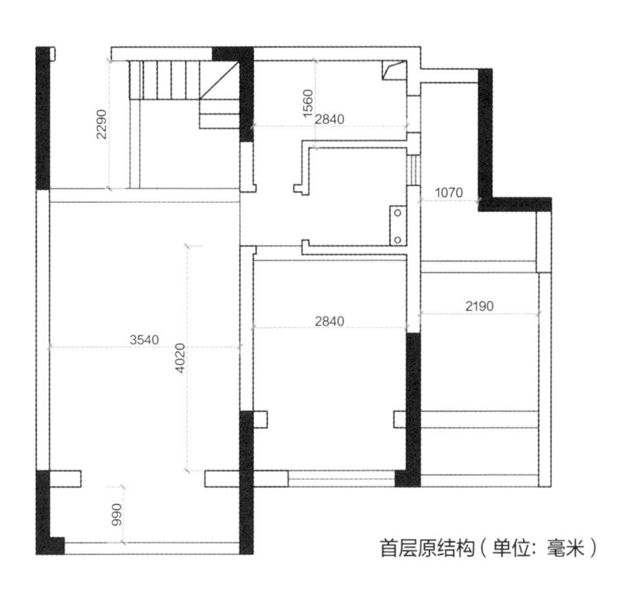


首层原结构（单位：毫米）

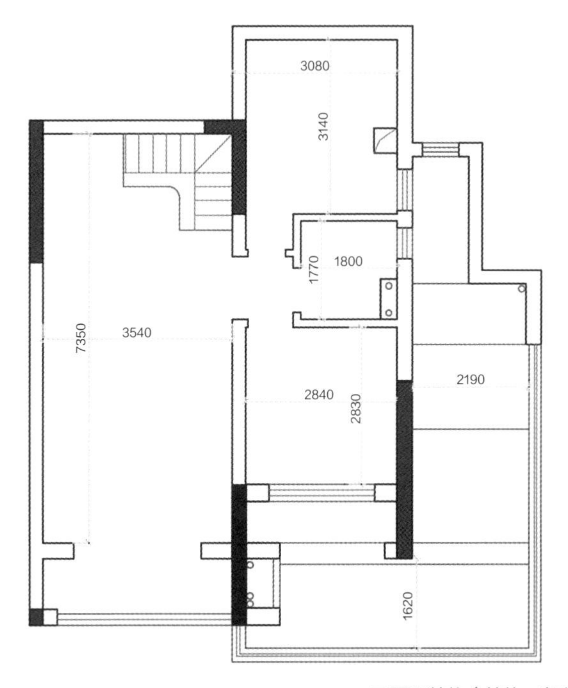


二层原结构（单位：毫米）

说，当时花了很多时间研究平面布局，并且制作过设计图纸，对于这个房子，他有过梦想。过户当天，他带着妈妈一起过来办理。阿姨说，当初买这个房子时，很多次想过在露台阳光房处装一个摇椅，可以晃荡着欣赏自己养的花。

其实，每个人对家都有一个梦想。对别人来说，也许不值一提，但对自己而言则是甘之如饴。也许，这正是热爱生活的一种内在形态。

我从一户对生活充满热爱的房东手上接了这个毛坯房，那么，接下来会如何规划这个看似普通的刚需户型呢？

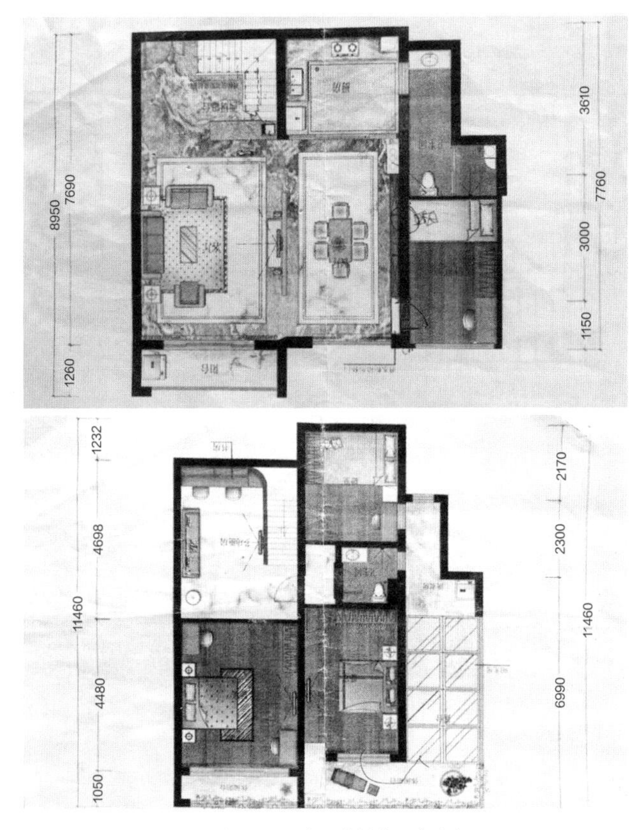


原屋主平面设计图（单位：毫米）

原房主平面布局已比原始构造有所突破，但依然存在很多痛点。

原结构根据传统功能隔墙划分，空间狭小压抑。

# 情景布局之空间

房子还没过户，我已经迫不及待地开始做平面规划。很多设计师说，做自己家的设计是最难的，常常感觉无法下手。而我觉得设计自己家是最简单的，在空间、尺度、光暗、材质等方面，可以完全实现自我对话，自我怀疑，自我反思，自我承担。当然，关键部分还是要与家人商量。

绝大多数客户有太多固定的思维，而部分设计师也常常没时间来自我推敲与反思，就已经把很多闪亮的情景因为预设客户不能

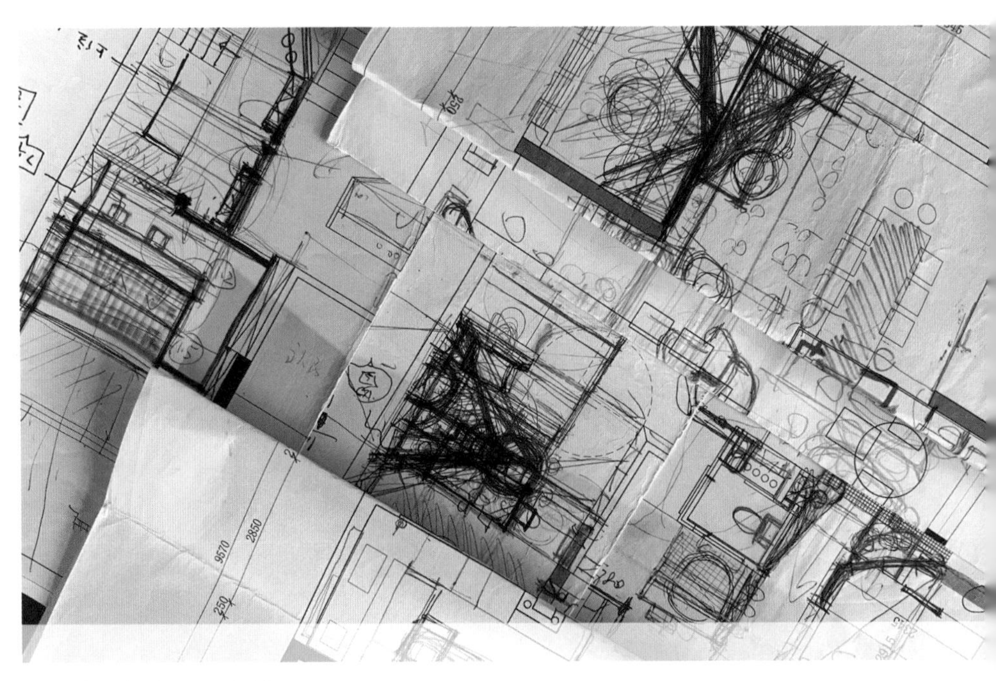


反复推敲对比的情景平面规划图

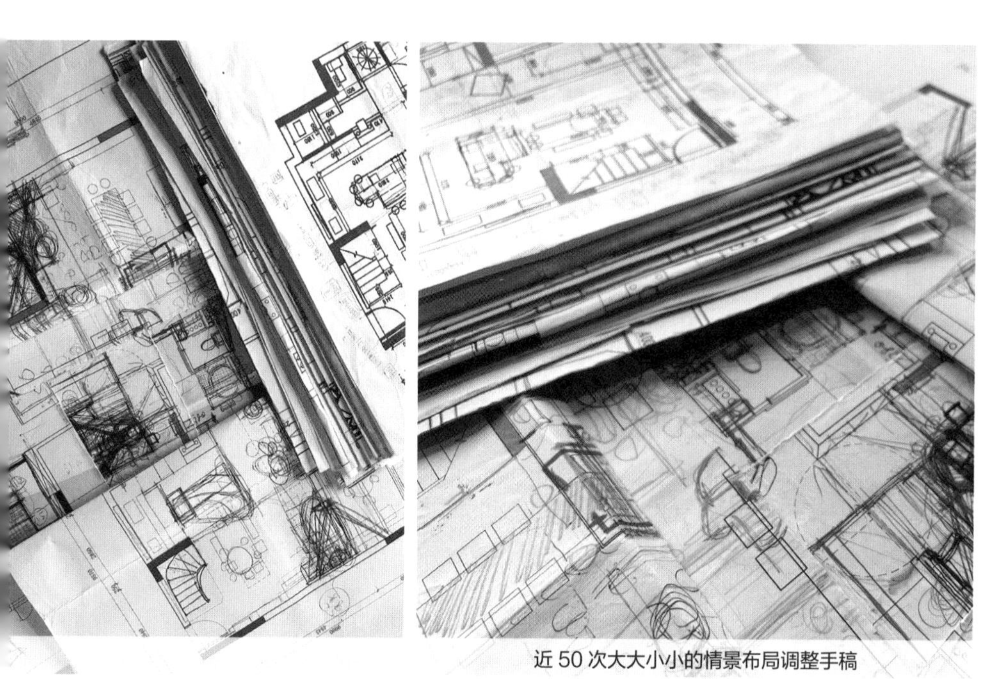

近 50 次大大小小的情景布局调整手稿

这些推敲的手稿依然保存在家中，见证了房子设计的思考过程

接受而自我否定了。

回顾我们17年的设计工作，最终令人心动的情景案例一定是客户能完全信赖设计师并在一些生活功能以及个人习惯上与设计师共创的结果。如果客户总是纠结设计的得失，选择设计师后还不断征求其他人的建议，那就意味着彼此的“频道”不同，最终也很难做出好作品。

空间其实是有限的。从物理视角来看，要做情景平面布局，首先要回顾空间，然后进行空间大规划。如果你实在不知道如何入手，不妨想象将所有能拆的墙都拆掉。这个过程我称之为空间放空。

每个人的经历与知识都会影响对事物的看法。如有些老师评价孩子，会侧重于他听不听话、乖不乖，而重视思维方式的老师则会观察孩子的思考框架及表达形式。因为框架决定事物发展的方向，它从本质上决定事物的最终走向。

面对放空后的空间框架，我们可以粗放地进行空间重组。首先把几个必需的空间罗列出来，如餐厅、厨房、客厅、卫生间、

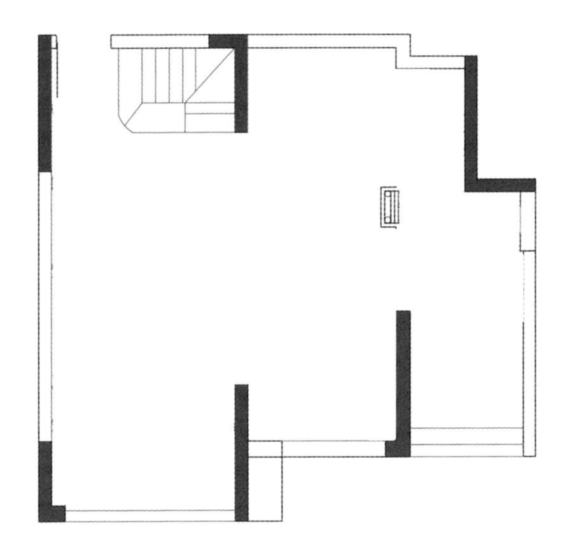

拆除了承重墙后的框架结构

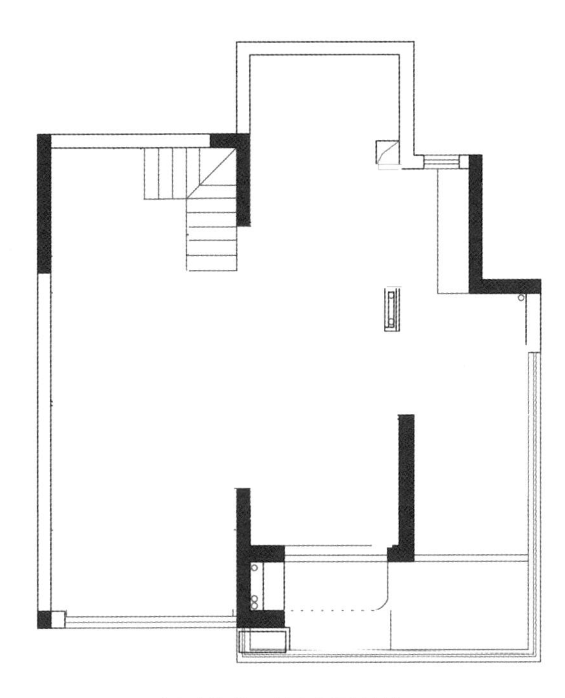

在限制条件下放空的原始结构

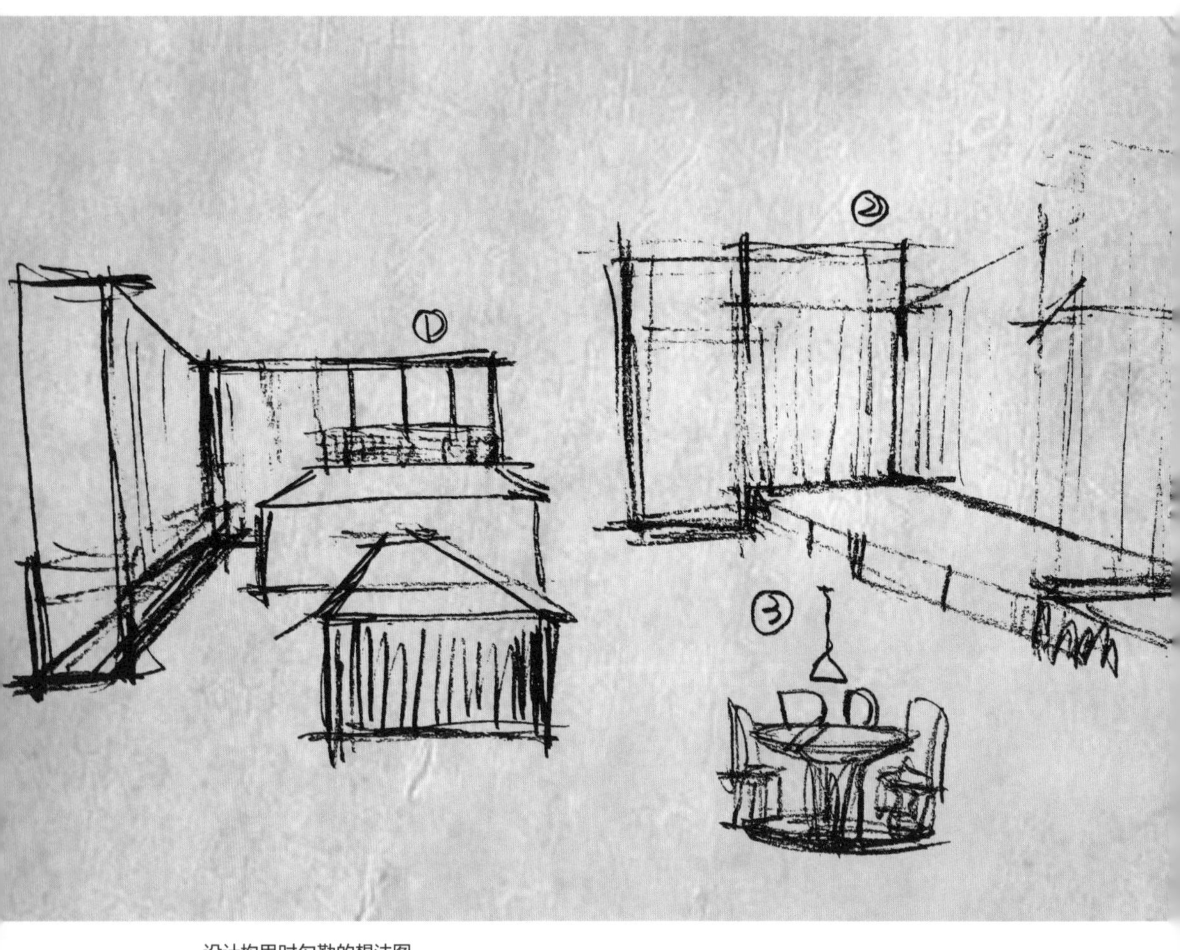

设计构思时勾勒的想法图

卧室、阳台，还有复式的重要构件——楼梯。有些空间是有条件限制的，如厨房位置必须离排烟口与排水口较近，卫生间必须靠近排污管，最好能用上之前的沉箱。

限制空间创作是一个非常有趣的过程，你可以组合出几种可能，但切记不要太过于细化空间，可以考虑用色块组合形式来推敲空间关系。个人称这个过程为情景平面布置中的空间拼图游戏。这个游戏是有限制有规则的，而这种限制与规则会激发我们充分利用资源的决心。同时会带给我们创造安全感，这个阶段可能组合出很多可能，可以先不做选择，搁置“游戏”的成果到一边。

# 情景布局之时间

前面的空间组合为这个情景布局提供了诸多方向。在时间设计环节会让方向变得更加清晰与明朗，也会让空间在从时间视角进行补充后变得更加具体与生动。而时间与“光”有着天然的关系。首先，回顾这个户型的朝向，它是东南朝向，再来观察东南方向的环境。房子前面一片绿色，有一条两车道的路和一条小路，几十米远的地方为低矮的别墅区。我们可以设想太阳在不同的季节与这间房子的关系。在同一季节，不同时间段，光与这间

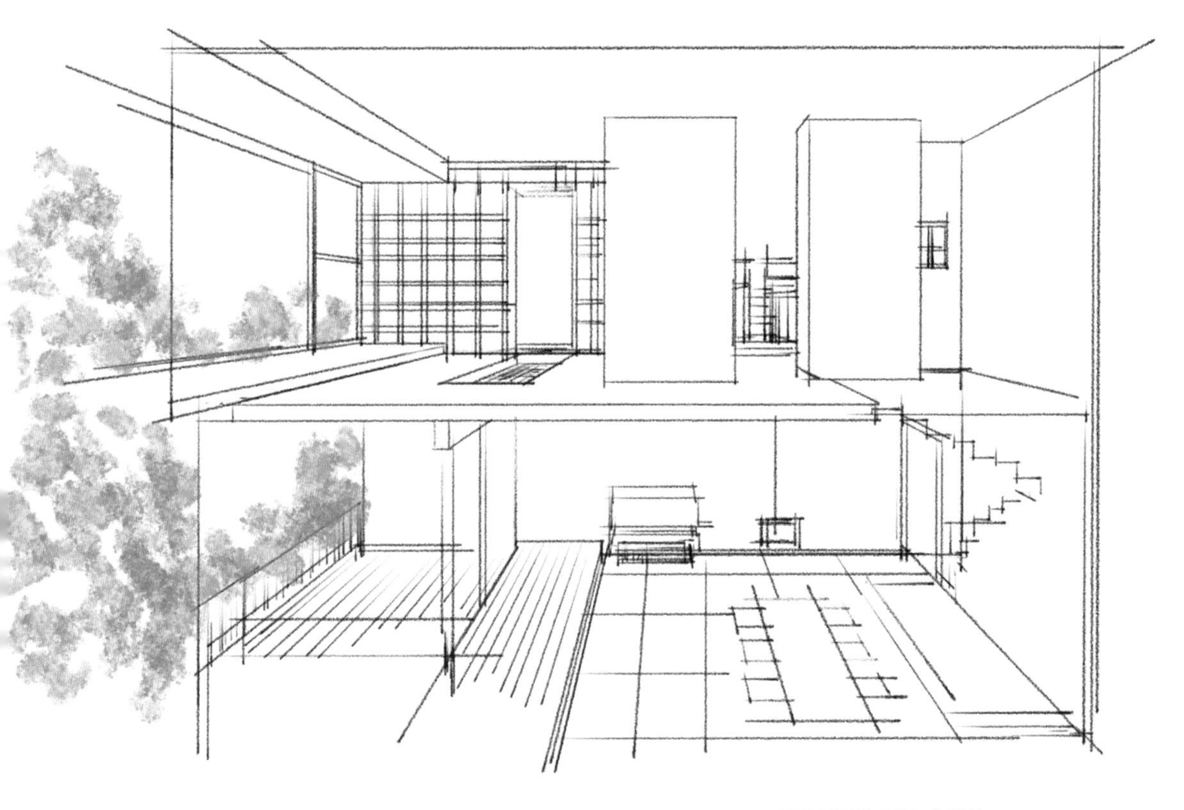

两层空间关系线条表达图

房子有多少关系变化。

从时间视角，可以很好地从空间拼图组合中选择出更佳的空间组合方向。之前我做过一期世界经典住宅研究的栏目，里面的项目及设计师，都会站在时间视角上深度研究、推敲。

当柯布西耶看完朗香教堂时，深有感触地说，单单用“光”就能做好室内设计。而深受柯布西耶影响的安藤忠雄，也一直在追逐光，《住吉的长屋》《光之教堂》等作品都用光做空间的主角。令众建筑大师佩服的建筑师路易斯康，无数次表达了光对设计及诗意空间营造的重要性。如果说空间布局更偏向功能，那么时间设计更偏重空间氛围的营造。

这个阶段会让情景布局由混沌变得清晰，让我们感觉到条理与规划的重要性，它把设计从感性带入了较理性的状态。

# 情景布局之人物

这是最关键的步骤。很多人提出设计以人为本，人性化设计，其实不够全面，因为其无法覆盖此环节要考虑的所有因素。

谁居住在这个空间里，他们在一年、两年、三年、五年，甚至十年后会有什么情景？需要什么情景？有多少情景是可以预设的，又有多少情景是想象不出的？在这间房子里，我罗列了孩子们的情景。其中有中西厨房；有三个孩子可以有规律、有步骤地培养阅读习惯的书房；还有三姐妹可以彼此照应又互相独立的情景卧室。当时太太在学习孩子感统训练，所以我们也为新家设想过她们除了户外训练外，也能在家里进行感统学习。

我们需要能够接待一个家庭、能轻松自如地供两个家庭倾心沟通夫妻关系、亲子教育等的场所。也需要开家庭茶话会或共同讨论话题的场所。20人左右的聚会情景该如何展开？围绕着我们每个家庭成员可以从模糊到具体地勾勒出一幕又一幕的情景。

这个阶段还可以把每个主角放到每个空间中，然后从时间视角来具体化情景。我想象自己某天的早晨或傍晚，在二楼的某个地方，看到孩子或太太在中岛台（厨房操作台）上准备；想象太太或自己在书房看书，孩子睡觉前能看到我们的身影或者说早起时能看到我们读书的情景。这些情景都有空间、时间、人物，而且一定是靠空间与空间关系，人物与人物关系在时间的变化中呈现出来的。我还想象孩子们在小花园里学习种植，栽培心爱的花，以及听到花园外面小鸟叽叽喳喳的歌唱……

关于情景人物的设想构思图

二层多功能书房的设计构思图

# 情景布局定稿与空间概念图

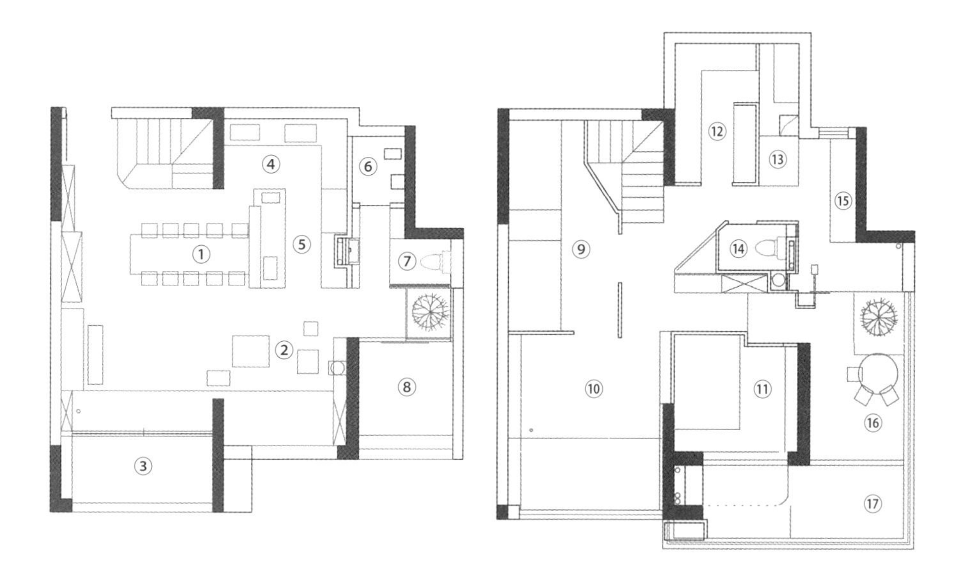


经过近 50 次推敲后的情景平面规划图

①餐厅区 ②小客厅 ③户外地台 ④中餐厨房 ⑤西餐厨房 ⑥客用卫生间 ⑦马桶间
⑧榻榻米区 ⑨四床儿童房 ⑩多功能书房 ⑪主卧 ⑫衣帽间 ⑬淋浴泡澡区 ⑭马桶间
⑮洗衣房 ⑯手工阳光房 ⑰双功能阳台

女儿房与楼梯口设计模拟图

公共生活区域设计模拟图

用柚木连成一体的地台设计模拟图

环绕空间的重造设计模拟图

第二章

# 建造日记

## 2020年4月24日　拆除

正式开工第一天，把能拆除的墙体都拆了，拉了好几车建筑垃圾，整个拆除工作应该要一星期时间。除了墙体，还有三个关键的楼面要开洞。拆除是为了更好地重建。期待我们的情景家一点一滴地呈现。

## 2020年 5月3日　框架

拆除后呈现出来的是框架，框架中包括不可动的承重墙及空间与空间最原始的关系。我意识到要让太太与孩子们参与其中。所以，拆除清理干净后，我带她们来到现场，让她们感受原始框架，有两个原因：我要努力去帮助太太，让她感觉自己参与家的建造中；对孩子们来说，是一次较漫长的“创造美”的开始。希望这些过程能够成为她们记忆的一部分，即使只有一点点也无妨。

## 2020年 5月6日　墙体放样

这是从图纸到现实落地的第一步。对应着设计图，在现场模拟出设计的空间，这个环节是我们非常看重的。只有在现场，才能感受情景设计的魅力。因为在现场，有真实的光与周围的环境。在工作中，我会要求设计师亲自在现场感受即将砌起的墙在空间的真实感受。这个阶段，是情景设计预热体验，如果你能很好地感受到各个即将呈现出来的空间氛围与尺度，就能对未来所呈现的情景画面更加清晰。

## 2020年5月21日　砌墙

砌墙的是父子俩人组合。砖组合在一起，就成了墙，不同的砖，砌出来的墙也有不同的样子。因为前期拆除阶段留下了大量完整的红砖，挑出来可以再次利用。

考虑到节约空间，在二楼隔断部分，我几乎都是用单块红砖单立而建。这种做法虽然节省了几厘米的空间，但后期水电改造，需开线凿也是件麻烦的事。

## 2020年6月13日　放水平线

砌墙工作基本完成，进入了水电改造阶段。今天，泥工父子俩过来放水平线，也能顺便检查一下砌墙的水准。

## 2020年6月29日　水电改造

水电阶段有点曲折。刚开始安排一位电工师傅现场改造，辅助我工作的设计师花了大半天与这位师傅沟通。也许是很多水电设计都是非常规的，电工师傅一直在抱怨，说这活太难干了。中午一起吃过午饭后，师傅有点不好意思地表明了态度：这活我干不好，你们另外找人吧，这不是钱的问题。接手水电部分的是一对夫妻，很少抱怨，夫妻两人搭配干活，丈夫负责布管布线，妻子负责装线盒及现场清理。每天工作结束后，现场都如一天开始般的整洁。

## 2020年7月6日　空调安装

预埋产品安装有这样一种说法，三分产品，七分安装。刚开始为节省预算，想两处装天花机，其他三个空间直接装挂机。后面因为空调排水与走管的关系不好处理，把四个区域都装了独立的天花机。这个阶段，设计师一定要多从美的角度考虑，因为有一些不确定因素在图纸上无法考虑到位。如外机的大小与位置的协调，铜管与开关插座预留的具体位置等。当然，这个阶段也需与电工师傅对接，共同完成。

## 2020年7月31日　地暖安装

很多人包括太太也不理解，为什么在广东还装地暖。我的理由是：要在家里切实地体验，才能在以后设计思考地暖时更加客观。如果说在炎热的夏季讨论这个话题感觉没必要，但在潮冷的冬天里谈论，会感觉地暖的存在还是有意义的。当然，本着俭朴生活的态度来看，在大南方也没必要装地暖，但我强调安装它的主要目的是设计记录体验。

## 2020年8月1日　现场体验

我认为这个位置适合坐下来读书。两个孩子把地暖的材料铺开，坐下来拿出书读了起来。她们还跑到卧室楼梯处，让我拍照。

## 2020年8月4日　铺砖

大厅砖今天开始铺设啦。选了很久，最后还是用了这款灰色系的进口砖。我一直觉得，设计最终呈现出来的是整体感觉与氛围，而这种整体感的决定性因素是装进房子里面的每一样物料本身的质感及物料与物料之间的搭配效果。在这里强调一下，国产砖与进口砖在品质上没太多区别，简单而言，绝大部分的国产砖质量都是过关的，唯一不同之处在于质感的表现，特别是脚感（光脚踩在上面的触感）的微妙不同。当然，国产砖中也有很多精彩产品。个人不太认可市场上流行的功能砖及太过于把砖艺术化的高价产品。但要选一款合适、耐看、耐用的砖，实属不易。后面我也会分享这款砖的使用体验。

## 2020年8月25日　阳台处的月

下班后，过来现场看看工地进展。

在二层阳台处，抬头看见了弯弯的“小船”。以后，这里也是赏月的好地方啊。

## 2020年8月31日　砌壁炉

今天约了泥工父子，现场定位砌壁炉。对于壁炉的喜爱，似乎像一种情绪，又像一种盼望。一直很不喜欢市场上如火闪烁的仿真壁炉，总觉得脱离了事物真实的样子，演变成纯粹满足人内心炫耀心理的产物。本想安装一个真火烧柴炉子，但后面考虑到排烟管安装及排烟可能会影响楼上用户，故改为了酒精真火炉。三块石头，立出壁炉的形状，看着父子俩的背影，我能想象到这个区域会成为我们的情景家最温暖人心的区域。有机会的话，我要把父子俩请到家中，好让他们体验一下自己的作品。

## 2020年9月6日　木工进场

木工进场，开始吊平花。餐厅处弧形天花板内部框架已经打好了。这个阶段，也是木工师傅为主场的阶段啦。

## 2020年10月10日　选样板

所有的墙面天花板都用白水泥加河沙批刮。除了更环保，也更耐用且有质感。下图左太太与孩子们在选择样板，上面样板河沙偏少些，下面质感更粗犷些。最终我们一起选了偏粗的质感。中午，我们带了煮好的饭，在工地现场吃起了我们的情景家第一顿饭。力求每个关键环节都让她们参与其中，这样，对房子的感情会不一样。

## 2020年10月14日　木工进展中

木工继续进行。有很多小小洞口，每个洞口都是风景，透过洞口看世界，也别有一番味道。透过孩子卧室看到穿红衣的木工师傅在削木条。

## 2020年10月16日　日本和纸

从日本订的和纸回来啦。这些纸会用到几个位置重要的推拉门中。透过和纸，我们仿佛看到了另一个被过滤了的世界。家的平静感营造，少不了过滤的光与纯洁的影相互结合。

## 2020年10月26日　碗碟杯

太太说，经过市场时看到一家外贸陶瓷店在清理尾货。我与太太骑自行车赶了过去。老板告诉我们，前段时间店被水淹了，生意太难做了，现在清货。我们挑选的碗碟杯等大部分产品都是出口日本的，其质地、器形都很符合我们的情景家使用，我们满心欢喜地选了一大袋。

设计的整体感，一定离不开家里的每一样东西。大到一件家具，小到一个杯子。有故事与来历的物品，能带给使用者更多的回忆与温暖。

## 2020年10月30日　地台打造记

喜欢地台，因为它有天然的引导放松功能。一楼打造了一长条地台，另外一个小房间也打造成了地台形式。特别理解榻榻米不太适合国人使用，特别是上翻形式的收纳。所以，在我们的情景家的规划中，所有内部结构都用了不锈钢，一来防潮防蚁，二来环保安全。师傅说，这骨架，用上几十年都没问题。

## 2020年11月6日　拆柚木地板

需要把之前卖掉房子里旧的柚木地板拆下来让厂家重新加工打磨。因为当初安装时就考虑到拆除，所以用了最简单的方式铺设，孩子们积极响应，一块块垒了起来，等待师傅过来运输。柚木地板是两年半前买的。在这次拆除之前，已经拆过一次了。它们跟我们一起走，真正算是一家人了。为什么我建议资金允许的情况下，可以选择缅甸柚木，因为它越用越有感觉，光泽很好，更重要的是，可以反复使用，拆除、翻新、打蜡。反正，我喜欢柚木，很难再用其他木种。

## 2020年11月7日　头疼的柚木门

这位高师傅自己刚建起了七层自建房，本来决定以后收租为生，不再为生活担忧，也不打算接活了。他说人生下半场，准备学习养生与培养个人兴趣爱好。因为这几个柚木门及一些细致手工活，我请求他出山把关。在他的茶室兼工作室里，他托着额头说，这活不好干。他是对自己有要求的人，这种人很易纠结与矛盾，答应了的事情，我相信他头再疼也会想办法去完成的。

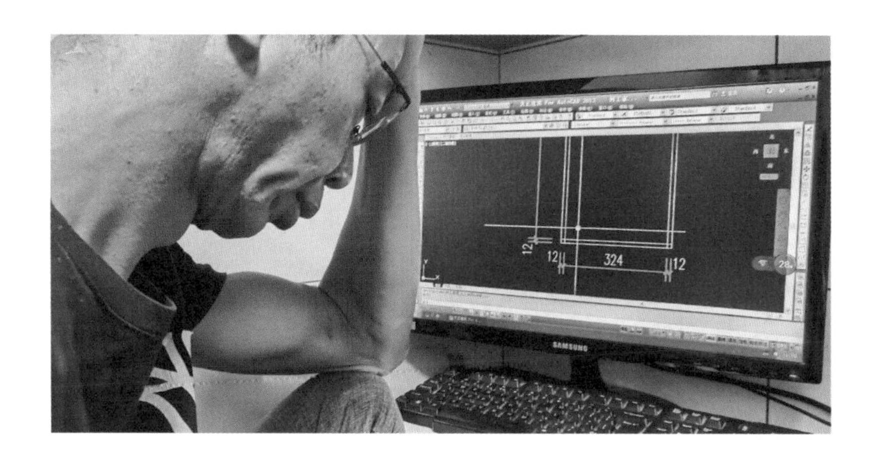

## 2020年11月12日　天花板批水泥

因为有很多试验与尝试，灰工师傅提出按天结算工资。三个师傅，一天的人工费就是一千多元。这年头，人工费年年攀高，想找到愿意好好干活、自我有追求的师傅实属不易。可以看到，未来人工费用会越来越贵，年轻人不愿进场，老师傅也逐渐老去……

## 2020年12月10日　纯手工铁艺书架

一直对铁情有独钟，喜欢它锈了再打磨后的质朴感，在我们的情景家中，我首次尝试用铁板做一整面墙的书架，每格的高度，都是根据我们家书的高度设计的。看着纤薄而挺立的书柜慢慢生成，我仿佛看到了每一本书都已经寻找到了它本属的位置。师傅非常诧异，说干了那么多年焊工，第一次这样做书架。因为非常规，加上现场焊接等要素，他与铁艺老板提出按天数计算人工费。

第二天干完了一小部分，他反复强调也想干快一点，但感觉无法加快，所以希望我们能理解，言外之意，他已经尽力了，一点也没偷懒，我非常喜欢这种坦诚与质朴的态度。过后想想，这不就是我喜欢的铁的感觉吗？问这位师傅，你享受你的工作吗？他笑笑说，没想过这个问题，就是混口饭吃，谈不上享受。四天过后，书架基本上焊接完毕，我又一次来到现场，问他感觉如何，他很认真地想了一下，说蛮漂亮的，刚开始时，无法想象出可以有这种效果。我看得出他内心有些小小的激动与成就感。

## 2020年12月19日　初见儿童床

如何在有限的空间里，用最少的造型、最轻盈的方式创造出无限的空间，这是我对女孩房的思路。太太一直很反对固定的装修方式，因为她觉得很多固定的东西无法包容未来不可预知的情景。在女孩房空间设计前期，我极力邀请孩子们参与设计构思与讨论，也与太太讨论过设计方案，最后，她算是勉强同意了。女孩房设计的难点在于营造出各自私密感，又能够体现出一体感，每个孩子在床上有自己的天地，在卧室空间中又有错觉空间感。这个空间中的床是房，房是小厅，这是希望通过情景设计得出的结果。希望最后呈现的效果可以让史上最难搞的甲方（太太）满意。

## 2020年12月20日　小小甲方

因为非常重视各位“甲方”的体验，很快，又带她们来到现场体验。我能感觉到，她们非常喜欢，从孩子视角打造的情景铁艺床，几个洞口的设计，似乎让她们在有限的物理空间内找到了无限的空间。

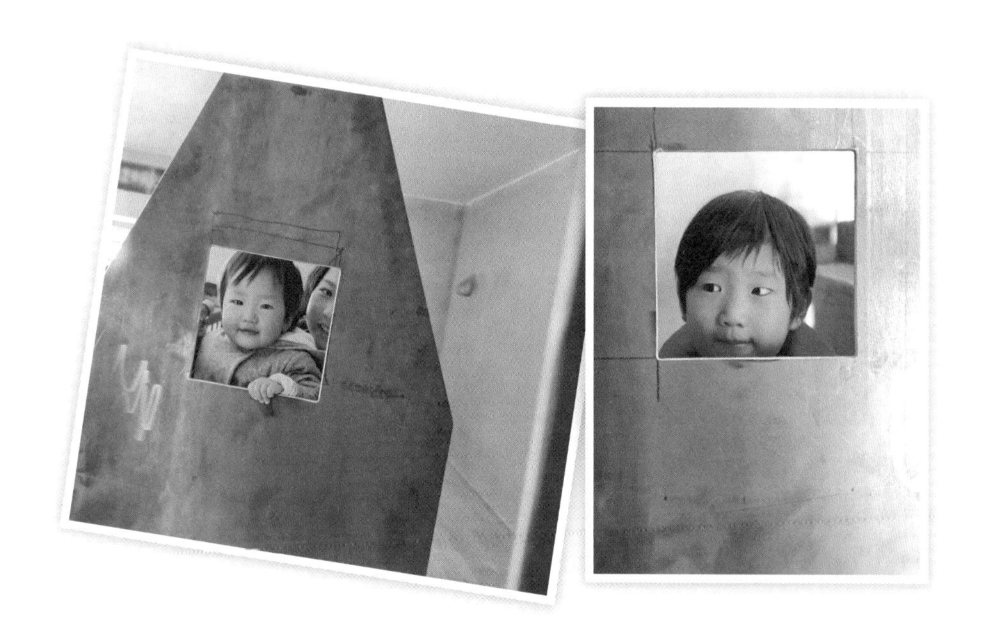

## 2020年12月30日　缝隙

“万物皆有缝隙，那是光进来的地方”。我在二楼卫生间处设计了镂空缝隙。此处的楼板也挖了一个三角形，形成一个缝隙，成为光进来的地方。

## 2021年1月7日　经典白色

墙面刮水泥进展中，白色永远是最经典的颜色之一。整个空间的轮廓出来了，白色让它们“统一了战线”。空间服务于人，人答谢及致敬着空间，在某一时刻，时间仿佛被这两种关系定格了，剩下的是等待各种各样能想到或不能想到的情景一一呈现吧。

## 2021年1月8日　最爱柚木

这是高师傅把控后的柚木制作小品。一位老木工师傅专门花两三个月时间来制作柚木门与小构件，每一样都是用最原始的手工制作完成的。这几年，开始喜欢上柚木，如果选择好的木蜡油，它能呈现出其他木种无法表达的岁月痕迹与质感。

## 2021年1月12日　厨柜安装

终于等到厨柜安装阶段了。选择的是合作了十多年的小厨柜厂，整个服务体验太差了，工人一会忘带这个，一会忘带那个，反正没几个环节可以让我省心。夫妻档开的小厂其实也有很大的难处，一是没有自己的品牌，帮品牌店代工；二是缺乏规范管理，很多工作无法对接与执行，很多流程无法标准与细化。最让我无法接受的是，厨柜老板许诺的时间多次不履行，而且每次都临近时，才说来不了，能否改时间。

就这个问题，我从朋友的角度建议他一定要坚持守信，很多规范的品牌，在时间节点上非常讲究，在给出具体的安装时间后，有可能提前高效交付，绝不会拖后。因为我们都知道，装修环环相扣，一个环节掉链子，后面的计划都会受到影响。

说实话，我希望他们两口子能经营好这间小厂，从客户服务体验上入手，否则，以后大家再也没有机会合作了，毕竟真正到了服务时代。

## 2021年1月15日　素美

设计落地环节不易。但每个阶段所呈现出来的变化之美让每一位创作者充满成就感。而对最终呈现效果的期盼，则是落地过程中不断前行的动力。现阶段已经把我们的情景家框架呈现出来了，路似乎还很漫长，但也不算太遥远。

## 2021年1月18日　户外门窗安装

当初，坚持换掉全屋外面的门窗，因为：一、门窗是造景的最重要部分；二、防噪音、保温等都会根据门窗品质不同而有不同的表现。因为很多尺寸非常规，玻璃上楼需通过专门的吊车才能安全到达。吊车司机与五六个师傅忙了大半天，才把全部玻璃安顿到指定的空间。很多东西看起来很简单，其实背后要付出大量的协调、沟通工作。可以想象，未来这些门窗所能呈现的美好情景。靠着这些门窗，我要在城市里打造出森林般的家，室外的一切树木不属于我们，却又能被我们“借用”。

## 2021年1月20日　大长桌处理

马上到年假了，我赶到木工厂，请师傅按照设计的尺寸切割并处理打磨那张长达五米、宽一米多的老楠木旧板。当时已经晚上八点多了，我一一确定了切割尺寸及打磨后的质感要求才离开工厂。这张长桌该怎样用，脚部要怎样处理才能兼顾功能，又能照顾美感呢？我要好好思考这个问题。

## 2021年1月23日　现场清理

大致清干净了第一层空间。厅的中间处有一大块阳光，那是二楼楼板镂空处进来的光，接下来等待橱柜安装与收尾工作啦。

## 2021年1月25　橱柜安装

等了很久，也拖了很久。橱柜台面与中岛台终于进场安装啦。当初思考的点是岛台与中厨台面是否统一及是否需在中厨台面设计挡水线的问题。最终选择了深色岩板作为台面，不设计挡水线且中西厨台面一体统一的方案。师傅安装手艺比较一般，施工细节流程也差强人意。但服务更好、施工更细的同等品质的材料品牌，价格可能是它的2倍，如果是你，会选择哪家？这个年头，谁都不易，装修嘛，如果总是揪着一点问题不放，那么一定会造成内伤。放开点，别太苛刻，这是我要学习的功课。

## 2021年1月27日　攀爬墙

有一天在收拾玩具，我看着手上的小积木，忽然冒出来这样的念头：如果我们是一个微小的个体，那么很多小物品都能成为体验空间的场所。孩子们的小积木或小汽车，其实都是一个建筑，也是一个空间。知道这个有什么好处呢？那就是可以用小孩的视角来看周围的事物。这种视角与大人视角全然不同，它能让我们重审事物，也能让我们更深刻体会到不同年龄阶层的人群在同一空间中不同的微妙感受。

在思考垂直情景时，我想如果自己是孩子，希望垂直面可以带来什么好玩的？来到楼梯立面时，我停了下来，从孩子视角来看，一步一步往上爬，一定很有趣。于是就有了这面墙的规划。因为之前底板与其他墙面颜色不一致，我们用了统一的材料让两面墙无痕连接了起来。期待这面墙所呈现的情景，以及勇敢爬上去的勇气！

## 2021年1月28日　木地板安装

有1/3的柚木地板是从旧房子里拆除下来，再加工好重新铺设的。因为柚木地板铺设面积较大且有很多安装较复杂的小区域，师傅评估两人起码需要两周时间来安装。反正都拖那么久了，春节前肯定无法完工，先装好这几个地台，剩下的年后再说了。

## 2021年1月29日　光阴之美

今天，晨阳竟然直接照到大门打开的地方。阳光的分布，每天都在变化，冬天之光，能带给我们温暖及极大的欣喜。我拿手机抓拍了几个空间的光阴之美，这种美不长久，可称为瞬间美，但它能带给那些用心去感受它的人一种无法言喻的感动与安慰。

## 2021年1月30日　情景初现

今天，我又带她们来现场体验了。孩子们很自觉地为没有上木蜡油的地板打扫灰尘。我在二楼书房位置偷拍，姐姐先发现我，然后妹妹也跟着打招呼。“嗨”地短短一声，把一楼与二楼的情景连接了起来。每个家的空间一定是有限的，而每个人在家里的时间也是有限的。如何在有限的空间与时间内创造出无限的人物情景？我觉得这是情景设计最值得研究的内容之一。

## 2021年2月2日　神奇之光

光太神奇了，原本较暗的淋浴区竟然也渗进了光。光如水直漫到淋浴区、泡澡区。光真让人着迷，因为它能使材质变化，也能使氛围与环境变美。更妙的是，变化的形式不是定格的，而是不断变化。照片无法表达出我拍照时的欣喜，仅当记录罢了。

## 2021年2月3日　欢迎“光”临

有些光，原本不可能那么单纯地呈现，因为材质，它实现了单纯呈现；有些光，原本不属于这个房子的，我问它，可以进到我这里来吗？光说，请开门，我进来。于是，我把门打开，把光请进家里了。走后，它告诉我，如果可以，以后每一天，我都会惦记着你们，每一年我也会找到合适的时间走到这里与你们会面。

## 2021年2月6日　静谧

简单地清理了一下现场卫生，站在楼梯处往右看，“静谧感”这三个字在我脑中一闪而过，我赶紧掏出手机，拍下了这一瞬间。

## 2021年2月10日　情景体验

中午，我们再次来到情景家，主要是关好水电与门窗，因为下午我们要回老家过年了。一阵暴雨过后，有了些阳光，但还有些许寒意。我们提议叫外卖，点上壁炉，暖意涌动，大家围在壁炉前，吃了一顿非常有仪式感的饭。

## 2021年2月18日　春节后

春节过后，我们又回到现场。在地台上，孩子用小凳子当桌面，画起了画。旁边是待安装的柚木地板，估计要元宵节后才能开工。

## 2021年5月26日　荫翳之美

陆续收尾了，之前铁制品需重新处理保护漆。此刻，我站在楼梯口处，感受到了荫翳之美。质地、绿意及在其中不能言状的氛围。

## 2021年5月31日　情景家呈现

从开工到现在，过了一年多。终于，我们的情景家呈现出了设想的样子。质朴、耐看、不矫情、不造作。曾记得一位朋友对他新居的样子有这样的期待。希望从老家过来的亲戚朋友能在家里轻松自如，没有压力与违和感，不走网红风，不轻浮，这也是我当初的设想。期待它的继续完善。

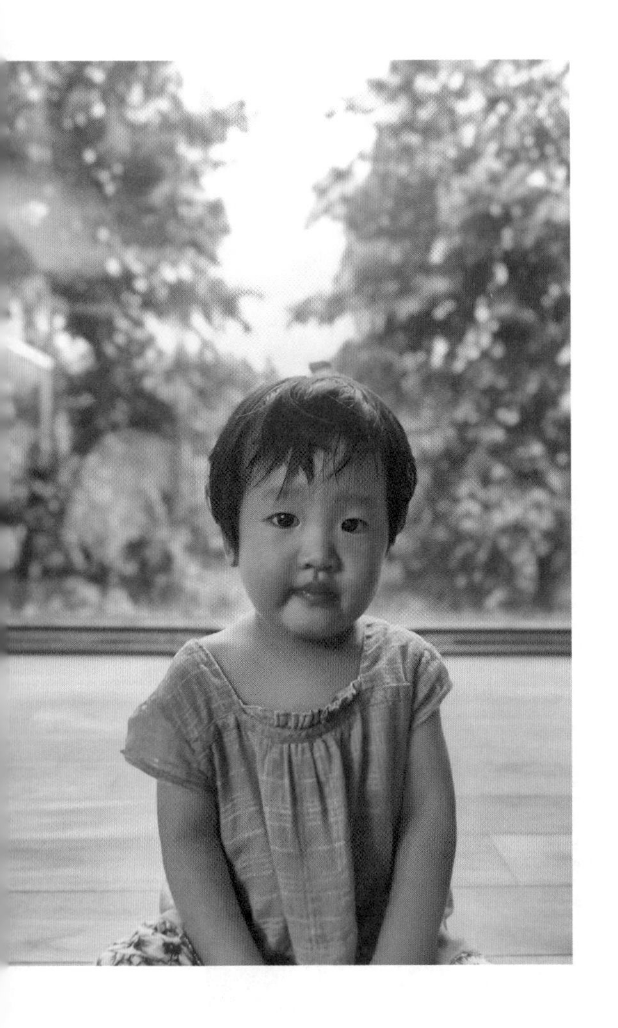

## 2021年6月1日　新家第一个儿童节

收尾阶段确实烦琐，这也是一个漫长等待的过程。每个项目都像一个孩子，从出生到点滴成长。看着孩子们一天天长大，总觉得时光飞逝，这也是为什么我决定用研究心态给她们能留下美好童年记忆的家的主要原因。图为老三在二层书房窗边位置，这也是她们在我们的情景家中度过的第一个儿童节。

## 2021年6月4日　自装的阳台挡板

有一天，我坐在阳台的柚木地板上，感觉自己在山上度假。除了小区下面一条汽车主干道会拉我回现实，其他各个视角都会让我沉浸在错觉里。于是，我设计了栏杆下面的挡板，计算好成人坐在地板上的高度，设计了几块挡板。最后还是自己安装上去的。安装完后，我再次感受了情景设计的魅力，它不为别人的存在而存在，它仅仅为意识里面的情景而存在。

## 2021年6月5日　戏剧之光

天黑了，二层的灯还没开，当无意走上二楼时，发现一楼的灯光透过三角形中空形成了戏剧性的氛围。那一刻，我感觉仿佛四周都凝固了，时间静止了，世界上只剩下自己。

## 2021年6月7日　森林书房

窗外的树木，使房子看起来像长在森林里一样，连书房顶上的哑黑风扇都被外面的绿意映上了氛围，渗透了颜色。

## 2021年6月20日

### 情景呈现

书陆续搬到情景家中了。这一幕情景，在一年前早已设想过，如今实现了。不知道她在读书的时候是否忘记了时间或空间。对我而言，这像是回忆的画面，又像是设想的画面，没有时间，只有空间与人物。

## 2021年6月21日　美育之所

家，应该是培养美育的场所。美，也有很多视角，如果从时间视角看，有转眼而逝的美，也有恒久之美。我希望孩子们在我们的情景家中，能够寻找到恒久之美。

## 2021年6月22日　超赞钢琴灯

钢琴灯到了。使用后不禁感叹：这是一个细分时代，如果能认认真真做好某个产品，形成自己的核心竞争力，就能够为社会贡献出自己的一分力量，也能打出自己的名气。

## 2021年6月23日

### 凌乱之美

记录乱而美的瞬间。

## 2021年6月24日　试住早晨

试住后第一个早晨，太太陪孩子读书及烤面包。

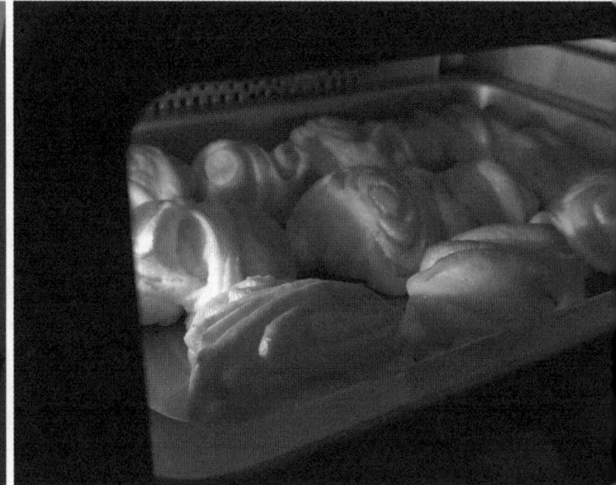

## 2021年6月25日　试住第二天早晨

试住的第二天早晨，孩子们还在美梦中。

## 2021年6月26日　和纸之美

孩子们都睡了。外面的光透过和纸传来平和与静谧。

## 2021年6月30日　晨光

清晨之光透过窗户玻璃反射到书房一角。

## 2021年7月9日　伊靠

出自供道家居的伊靠终于装上了。在我们的情景家中，共装了12个伊靠。伊靠的存在让坐变得更放松与舒适，也让空间情景更加丰富。

## 2021年7月14日　关系美学

美，存在于不经意的日常中，美，在某种视角里，它一定是两样或两样以上看似毫无联系的物体能和平共处并彼此加分。

## 2021年7月18日　微光之晨

清晨的微光让每样物品有了全新的一天。

## 2021年7月24日　下午茶

三姐妹的下午茶时光。

## 2021年7月27日

### 烘焙师

家是梦想发芽的地方。这位姑娘一心想当烘焙师。

## 2021年7月29日　工坊

我们的手工作坊房。家里的窗帘全是太太自制的。

## 2021年8月3日　尺度感

第一次感受到这个区域的亲密度。它能把人与人拉得很近但又有界限，可以让人轻快地敞开心扉。

## 2021年8月8日

### 经典入场

伊姆斯躺椅已安装完毕，一张能陪我们好久好久的经典椅。

## 2021年8月12日　秘密之地

二层露台优化方案已落地，正面为工具储藏柜，左手边为秘密区域，以后再分享。

## 2021年8月14日　失而感恩

外面近处被砍了枝干的树开始发芽生枝了。想起当初管理处要砍这棵树分叉枝干后我失落的心情。如今新枝已长，却又呈现出另一番景象。我们常常为失去的东西难过，却很少为失去后的另一种状态而感恩。谁知道时间能带给我们怎样的景象？外面这棵树也许每天都能带给我们一些小惊喜呢！

## 2021年8月21日　彩虹画

每个孩子都是艺术家，孩子的彩虹系列图画被挂在一层卫生间墙壁上。

## 2021年8月22日　家感

慢慢有了家的样子与味道。

## 2021年8月26日　石头凳

供道家居的石头凳搬进了情景家。

## 2021年8月28日　柚木

柚木已呈现出生活的状态。

## 2021年9月1日　庆祝新学期

为新学期的开始而庆祝。

## 2021年9月2日　静谧之光

透过窗户的光，恬静舒适。

## 2021年9月4日　情景重现

施工过程，孩子曾经模拟过的情景已呈现。

## 2021年9月5日　茶区

泡茶区正式接待访客。

## 2021年9月6日　接待

第一次正式做饭——接待大姐、二姐。

## 2021年9月7日　失而复得

曾经为被砍了的树枝而失落，如今它们却长出了另一番景象。

## 2021年9月8日
## 入手G01

G01椅从供道家居到我们的情景家。不禁感叹，一把好椅子其实是家中很重要的一员。

## 2021年9月12日　运动情景

这个区域竟然成为家里的运动锻炼场所，是之前没能想到的情景之一。

## 2021年9月13日　动人情景

如果说情景最动人，一定有人物在其中并且有关系在里面。

## 2021年9月14日　慢慢生活

我们的情景家，进入了正式的生活轨道。

## 2021年9月15日　快看！有道光

在我的影响下，孩子们对光有了更深的认识甚至着迷。

## 2021年9月19日　月亮灯

太太带孩子们做了一个月亮灯，

中秋节快到了。

## 2021年9月20日　家感已溢

居住了两个多月，“家”感在今天已变得更加浓厚。装修日记也算告一段落了……

## 第三章

# 情景设计三大要素

# 真之空间

## 地

入住时是夏天，我喜欢光脚踩在地板上。不只是二楼木地板，还包括一楼地砖。如果一定要找到最舒适的时间节点，那就是一楼的地砖洗拖干净、逐渐干爽的时候和二楼柚木地板吸完尘后。

先说一楼地砖，这种舒适感是柔而不腻，偶尔有零星的闪滑点，一闪而后又是舒润大地感。后来，我大概统计了时间，应该是清洁后三小时左右为最佳脚感期。

柚木实木地板因为只涂了木蜡油，所以脚感是纯粹的木头触感。

为什么我会很早分享地面的感觉呢？因为地面是我研究情景设计三大要素之空间的第一要素。如果要分享一个设计或装修方法的话，可以这样说，如果想做出一套经典住宅作品，可以从选择地面开始展开。其他啥思路都没有也没关系，先决定好要用的地面材质。

也许你会问为什么？书中篇幅有限，我无法全面地阐释。以下是我的想法。

《管子·形势解》里有这样一句话："地生养万物，地之则

也。”地是根基，也是生命之本，这是它的规则，也是我们设计的重点，几乎所有将要发生的任务情景，一定是在地面上进行的。人走的路，吃饭的餐桌，睡觉的床，以及坐的椅子，都靠地面来承接。

地面看似是在服务家庭生活，实质上它也需要定期的清洁与养护，才能更好地服务于家庭。

我写这些是希望大家能足够重视地面在私宅设计中的重要性，也能在眼花缭乱的建材品类上筛选出加分的产品。

在我们的情景家中，我有三大原则来选择地面物料：一为哑光；二为中性色；三为天然纹理与质感。而在开始设计之前，我已经选择好了地面物料。

## 天

如果说“地”是情景设计中人物最多接触的位置，那么“天”更偏向“感知”部分。而“天”放到情景设计中，也就是天花板这部分。天花板基本上是不会让我们直接接触到却又客观存在的。

关于天花板，它多高才不会压抑，普通人认为天花板高些，更大气，也会说，这天花板这么低，会不会压抑啊！其实，这些说法都不是真正研究过天花板高度的专业人士说的话。

如果研究世界经典住宅或很多温暖空间，会发现这些大师们本可以设计出更高的层高，但他们却在人常呆的区域选择做更矮的层高。而这种高度，是普遍人定义为感觉压抑的尺寸。

在分享我们的情景家天花板的话题前，我花了很长时间去感受天花板的高度，我们的情景家原户型第一层的净层高是2.65米，第二层是2.6米左右，但中间有一些梁位较矮，矮到层高仅有2.2米左右，加上地面找平、铺砖或木地板后，有些梁到地面的高度仅仅为2.1米左右。

还记得当时在做一层卫生间天花板时，纠结了好久。为啥纠结呢？因为卫生间地面已经抬高了，天花板上面因为需装排气管及设备，加上有侧梁的结构，所以如果平梁吊天花板，感觉会压抑。但如果露侧梁，美观性又不够，且卫生间门没法处理得很美观。

当时，我设想两种空间的情景，第一种是吊平侧梁，那也意味着它的层高是2.2米左右；第二种是露出侧梁，仅包住上方排气管与设备，这样层高可以达到2.4米左右。

在那里，用想象力丈量着天花板，忽然发现，矮的天花板比高的更协调，木工师傅拿一块板模拟矮的天花板，竟然没啥压抑感。也许你会说，我个子不高，个子高的人，这种感觉又会不同。我身高1.70米，如果天花板再降低5~10厘米，依然没有所谓压抑感时，就意味着身高1.80米的人进到这个空间也会感觉舒适。最后，我决定选择较矮的层高。入住三个月后，对这个区域我从来没感到任何压抑感，更多的感受是美观及舒适。期间，很多朋友来新家参观，我们在讨论这个话题时，大家有着相同的感受。

后面，我才想明白了，任何事情或个体的存在都与其他事物有关系，脱离关系去谈观点，一定是不可取的。如卫生间的层高，与这个空间的长与宽，有不可切割的关系。因为天花板存在的意义，主要在于感觉。长宽高之比例形成了一种组合，而我们在讨论层高时，仅仅只关注高度，而疏忽了长与宽及他们彼此的比例关系。

在情景设计原则上，我也提倡天花板设计弱化处理，即不过度强调它的存在，在颜色选择上面，建议用白色。在高度把控上，遵守情景氛围需要，以2.4米为界限基准进行不同高度的打造。面对较低层高，在大原则上，尽可能保留原顶，吊顶部分尽量只为隐藏机电设备。当然，适当的天花板处理方式也能让空间更加豁达，但这些都需要与墙面甚至地面综合考虑的。

## 墙

在我们的情景家中，挂着三个孩子的绘画作品，每张画，我们都给予它绝对的仪式感。用实木画框，不反光亚克力板进行装裱悬挂。在卫生间墙面上、楼梯间墙上，甚至是索道的墙面上，都有她们在不同阶段创作的作品。

每个孩子都是艺术家，这并不是一句口号。如果在情景设计框架内，它应该是每位居住者进行家居布局时需考虑的点。而墙面能提供艺术的舞台，如果家里的墙面设计了造型，贴满豪华的大理石或其他昂贵的材料，你就舍不得展示家庭成员的手工了。

如果让我分享墙面设计原则，那就是千万不要为造型而设计。墙面或立面的设计原则应该是在功能与情景的基础上思考立面材质及比例。而所有的一切，应该围绕着情景。

原始毛坯水泥墙面是我刻意保留下来的，原因是想提醒自己在

设计上不要画蛇添足，不要为所谓的极致而设计。另外，我们的情景家有3个孩子，这意味着家里很难保持如杂志上样板间般的唯美。这个水泥墙面可以包容周围的随意与随性，它能为美带来不一样的视角，包容一切生活的痕迹。

另外，我发现水泥与光的结合非常奇妙，清晨之光或中午之光在水泥墙面上的呈现效果非常不同。春天与冬天之光在其上也呈现出完全不同的状态。这种体验与研究，在没开始设计我们的情景家时就已经深刻地存在于我的感受里了。

很多人说我家好奇怪，感觉房间都没有门。其实，所有的门都藏在墙面上，没有门框的设计让他们觉得没有门。我家的门很多，光是室内推拉门就多达12扇。

我之所以把墙面放到地面与天花板之后再细说，是因为有天花板与地面后，墙面（立面）就存在了，它是联结两者之间的枢纽。

## 尺度感

在尺度后面加一个感字，说明尺度本身就是艺术。先从宏观聊聊，在地球上，我们看空中的太阳与月亮似乎是同样大小的，而实质上，太阳的体积是月亮的6370万倍。

太阳的大小，其实更多是一种感觉，我们无法真实地感受到它的大小。

假如你刚逛完一栋1500米$^2$的大别墅，然后在外面找一间咖啡馆，你试着回顾一下你的感觉。物理大小已经在你走出真实空间时就转化成感觉，它变得模糊，不再清晰，你无法用大与小来描述它，你可能会想起空间的关系，或者能用思维重走一遍。如果各个尺寸没有达到极限的大小，你无法回想出大气、宽敞或压抑感。空间留下的是一个整体的印象，是感觉。随着时间不断叠加，尺度感知能力会越来越弱，留在记忆中的是空间的气质或它所呈现的主题。

如果让我们回忆小学或初中同学，也许近十年没见过面了。我们能想起他们的容貌或身材，但真正让我们记忆犹新的是他们的性格或曾经做过的事。

讨论这些有什么用？当我们知道这个要点后，就不会太过于纠结所谓“标准尺度”了。你把层高2.8米、过道1.2米、床1.5米等设计尺寸背得滚瓜烂熟，但如果照搬这一套，就无法在空间突破与情景再造上创新。

在我们的情景家中，有一个温暖无比的角落，在这个角落中，我们进行了好多次深入内心的沟通，有亲人，有朋友，有夫妻俩。我第一次发现它的氛围是超乎设想的，也是超越情景预设的，无法想象这个区域那么容易让人敞开心扉，也没预想到这一小块空间竟然有如此大的能力，可以把散坐在周围的一群人连接起来。

后来，我发现了它的尺度规律，三角形式和互动，恰如其分的距离让彼此独立又能紧密相连。

我曾多次与朋友们在这个区域内分享，如果坐在常规的沙发上，无法把话题聊到如今的深度，也无法如此紧密相连。

在未来的日子里，如果朋友们回忆我们的交流，我相信他们想起的并不是空间的物理尺度，而是聊天与沟通的氛围与感觉，以及大概的内容。

在这里，我们一家人也有过几次家庭会议。大家讨论对一部电影的看法，对某件事的观点，对未来工作与生活的计划。

## 空间感

空间感，不一定与空间大小有很大联系。它取决于空间与空间的关系，很多传统户型有一百多平方米，入门厨房、餐厅，然后客厅、过道、两边房间。这种户型有空间，却没有空间感。

不知道大家有没有这种经历，去看某个别墅设计。走进去，感叹好大，逛了几分钟，发现全部看完了。这就是典型没空间感的设计。

如果用故事类比空间，一个好的故事是有情节，有高低潮的。同时，它有伏笔，有看似平淡无奇的开头，却又有妙笔生花的结尾。

无数次我在出门时看到太太与孩子们在吃早餐。我关门的瞬间感觉自己要从一个世界走到另一个世界。门内是温暖且生动的情景，门外是一条冰冷的过道。过道里灯虽然是暖白的，但与门内的情景相比，显得苍白且乏味。

回家时会经过一条小路，通过这条小路可以到达我们楼的首层，架空结构的首层是公共活动区域。我们可以选择走楼梯或电

梯回家，无论是楼梯还是电梯，对我而言，这段距离都是充满期待的。

对于初次来访的人来说，这条过道会使他们有些失落。毕竟，来之前，大多数人都是带着期待而来的。

其实，这些情绪的变化都是空间感带来的，是外围空间与室内空间关系的相交产生的情绪。

后来，我与那些对空间比较感兴趣的来访朋友分享这个观点：相对较长且闭塞的公用过道的存在，能让我们更期待进入室内，同时这种对比空间很容易给人以惊喜。

记得一天清晨，一位朋友首次来访，通过枯燥的长过道，打开门的瞬间，他“哇”了一声，似乎惊喜于门后藏着的这个无法用理性去猜度的情景家。阳光下，绿意盎然，淡淡的茶香飘散在空中，还有两个悠然自在的小朋友在玩耍。

## 空间之空间

这是我们的情景家中浴缸的位置。本来这是一个完全密闭的空间。很多人觉得这样的尺寸无法规划出浴缸位，即使可以规划得出来，也会是压抑的、不舒服的。第一尺寸狭小；第二没光线，不透气。

但孩子们欢乐的泡澡情景及幽静的个人泡澡情景推动着我不断优化空间并把劣势转化成空间亮点。在浴缸的一侧，我开了一扇小窗，小窗外面是公用过道。邻居在对面也开了一个大窗户。如何避免两个窗户直视？我们需要在两扇窗户之间的空间中再造出一个空间，这个空间既要有美感，又要满足隐私且能通风。于是我设计了一个小盒子窗户。记得当时去木工厂时，看到高师傅打造的柚木盒子非常精致，宛如一间精致小屋，窗似门，有天，有地。我还特意拍了好几张照片，也能想象装上它的感觉。

如今，它已融入了泡澡区，有时，它像专门为泡澡区引进想象的空间而设计的。

# 善之时间

## 24小时

时间是理性的也是感性的。当我们认真回顾每一天中的每一小时，会发现常常在感性中把时间理性地消费了。

有人说，艺术的人生应该是随心所欲且不要有太多的目的性。记得某天清晨我四点左右醒过来，迷迷糊糊中想写些文章。走到一楼，打开斗柜边上的小吊灯，随手拿起了手机，不经意地打开手机，这个“不经意”一开头，一个多小时过去了。

而回顾那一个多小时，其实是毫无营养、毫无收获、毫无价值的一小时。因为刷了很多各式各样的短视频。而这一小时，本来应是为新的一天做准备的最好时光却在无声无息中消耗掉了。

“感性”常常让我们处于随心所欲的状态，而理性则会让我们思考生命的价值与意义。

经过一个小时的“浪费生命”后，我马上进入写作状态。清晨五点来钟，家的周围一片寂静，我在餐桌上写着情景设计三大要素中的“时间”。

很多时候，我们会因为无所事事而沮丧与自责，以至于花更多的时间来沉沦。这是很多人的通病。其实，时间一直在流逝，我们要做的是忘记过去，努力向前，朝着目标往前走。

前几天，好友分享了一段他父亲离世前的记录与视频。

朋友说，他父亲如英雄般和大家道别，因为他要远走到一个更美的地方。朋友父亲走时是如此平静与安详，带着一生的成绩，带着盼望与爱离开了他所爱的人。

这就是时间的结局。

如果说一生由每一天组合而成，那么每天的方向及积累的总和，则是我们的一生。而一天则由24小时组成，24小时中除了睡觉与吃饭，剩下的不足12小时。简单而言，如何用好24小时关系到我们的一生。如果说一生是80岁，那么就是2万多个24小时组合而成。

这是时间的概念。这样的梳理，会让我更多地思考如何在空间中使用时间。入住我们的情景家大半年，我基本每天中午都回家吃午饭。

记得之前自己有过这样的计算：如果每天多出一小时与孩子相处，那么一年则多出365小时，十年则是3650小时。如果我们能

用好这3650小时，就足以影响孩子的一生。即使时间折半，也是非常宝贵的亲子时间。

每天中午，我开门时，常常听到慕语说爸爸回来了，有时她们会冲过来抱抱，有时会躲在木门后面不让我发现。回到家中我们会一起吃午饭，也会分享半天中的收获。当然，有时也会出现一些状况，主要是画言只顾做自己喜欢的事而没能及时完成作业而导致太太心情不太好。

反正，中午所呈现的1小时情景，通常是我们一家人在一起吃饭、讨论、清理餐桌等普通日常。伴着外面阳光下透绿的窗景，我们常常感叹生活的美好。午饭后，时间允许，我会选择在家休息十几分钟，然后再去公司。

说回早上，我们经历了七天三圈跑，即用七天时间来践行在小区绿道上跑三圈。三圈下来，应该是1.2千米。我常鼓励孩子们，跑完七天，我们再来挑战21天，21天挑战成功后，我们再来突破42天。在跑步过程中，我们向懒惰挑战，享受自律。

当然，对我们而言，最理想的状态是在与孩子共跑之前有自己

的独处时间，在这段时间内，我可以在潮湿的春季里煮一碗姜汤，然后安静片刻，如果夫妻两人在清晨有相处交流的时光更美好。

清晨的房间被窗外的春意所唤醒，灯罩、案台、铁壶、杯子与周围的环境慢慢融为一体，每样物品都被时间唤醒。

已阴天多日。今天，太阳在清晨的时候已经在窗台处做客了，家里一切平安，愿外面也一切平安！

## 你们要休息

前几天，中学时代的好友带他的儿子到我们家体验。好友与我分享了他在孩子教育方面的一些心得与收获。

他说有一次，老师提问："什么是美？"他的儿子回答："美，是一种心情。"这句话让老师非常认可与惊讶。

我想起了上周日的早晨，好友与他儿子在我们家。一大早，我们在餐厅旁准备吃早餐，刚好春天的晨光映射到边柜旁，在边柜上方的吊灯映出了一个朦胧的光影，周围的墙也泛出柔柔的暖光。

"看！看墙上！"我指着刚说的那块区域。

“美是什么？”我故意问大家。

“美是一种心情！美是一种关系！”我顿了一下，继续自言自语地补充着。

大家笑了起来。“美是一种关系。”好友的儿子也跟着说了一句。

周日的那一天，也是春分后不久的一天，七点三十分的太阳与每个季节的这个时间点的状态都不同。

记得在这之前的一周，我就发现这块的不同，但那时没停留太久去感受它，只感觉到一种宁静美，那时所感受的与今天的又如此不同。

周末休息时，我们并非一味躺平而无所作为，而是利用这个时间停下来思考与规划，休息是一种暂停，是为了更好地奋斗与创造。

曾经听到这样一段话：我们要把房子当成并肩作战的好友。对待“好友”，定期的清理与维护是对它日复一日付出的肯定与赞美。我们要去感受它与我们一起融入生活的经历。

早晨起床，我们的情景家弥漫着一种休息后的轻快。小到一椅一台，一块功能区域，或者是大的范围，都散发着因为休息带来的愉悦。如果稍微有耐心，我们还可以等待太阳慢慢入室，唤醒每一个区域与物品。

美，是什么？美是一种道，道就是美！那么，什么是道呢？道是自然的规律，它具有统一性、多样性与协调性。每一天，都有白天，有黑夜，这是统一性，统一性给人安全感、稳定感。

每一天，我们都会经历一些相似却又不完全相同的事情，如昨晚我想着一件非常难过的事情睡着了，而前晚却因为想着一件令人无比期待的事情而入眠，这就是多样性。

多样性能给我们带来丰富的情感，同时能够不断地发现每个人的独一无二。

那么，协调性是什么呢？无论如何，我们都会主动或被动地进入一种轨道中，如累了想睡觉，或者说，累到直接睡着，这都是协调性。协调性是一种整合的智慧，它让各式各样的事情成为一个整体。

家，其实也是这样。

家，需要休息；人，也需要休息！

## 六月

我们是在2021年6月搬家的。因为我与太太都想让孩子们更好地过渡到新家中生活，所以决定采取蚂蚁搬家的模式。

这个六月，一定是孩子们童年的特殊记忆。记得六一儿童节当天，我们带着三个孩子在情景家里中度过了第一个儿童节。

六月里，我们隔天就会过来看看房子，看哪些地方需调整或优化。楼下的“席室”则是我坐在地面上发呆时想到的点子。

五月份我在模拟这个地方的使用情景，认为席地而坐一定是这个地方常呈现的状态。而原来栏杆外的玻璃窗就会映出小区主干道的画面，坐在地上的人会因为视觉干扰而分心。

当时，我想是否可以用木栅栏来装饰，但发现还是无法达到让人席地而坐时有最佳的状态与感受。因为木栅栏依然会被过往的车辆或人所干扰。

在五月中旬傍晚五点多时，我席地而坐，安静地感觉到从窗户间吹进的风，时而吹着头发，时而又吹拂着脚，像调皮的孩子在与我玩捉迷藏。

情景设计在人这个要素中，非常强调四种感觉：视觉、听觉、嗅觉与触觉。

“风”偏触觉，它与我们身体相遇，带来舒适感与愉悦度。我当时灵机一动，心想，玻璃之间的缝隙一定要保留，因为要给风留一个入口。

嗅觉方面应该如何考虑呢？因为地面是缅甸柚木且没做密封漆处理。席地而坐时，很明显能感受到柚木的丝丝天然气息。地面

与隔断面保持统一材质会很和谐，但这样整体造价较高。

于是，我想起了供道家居开发的一款与柚木非常接近的木材，决定就选它了。也许有人问，这个空间的触觉是什么？它的触觉是开放的柚木面，加上后期木头经过岁月的洗礼所呈现出的质感。

情景家中所有的木蜡油涂刷，都是我自己动手完成的。一来亲自体验这款专用柚木木蜡油；二来能参与到情景家的亲手建造会带给我截然不同的体验，以及情感的积累。

当我看到“绿室”中心的柚木被我亲手涂上了木蜡油并显示出蜂蜜色的光泽时，非常有成就感。它带给我少有的特殊满足感。

孩子们也参加了搬家和整理，累了，就坐在“绿室”的凹位处看一会书。孩子们到处鼓捣，拿起剩下的柚木板玩起了各种游戏。

钢琴也搬进来了，这架钢琴与我年龄差不多，太太当时嫌价格太贵，但我给她算了一笔账，三个孩子，每个孩子使用五年，它的价值就超乎寻常了。

六月底，我们在情景家中度过了第一个晚上，也迎来了第一个清晨。早晨起来，太太在给孩子读书，旁边还有没整理好的床单与垫子……我们自己动手做了第一顿早餐，开启了新的体验。

这就是我们的六月，也是情景家的六月。

## 季节

六月底，我们一家陆续搬进了情景家。一转眼在里面度过了夏、秋、冬三个季节。写此文时，处于第二年的春季。

在情景家里，除了能明显感觉到四季的不同，也能感受到季节间过渡的微妙变化。

季节的变化，能很好地检验房子的舒适度与细节是否周全。当然，也能更进一步验证很多功能设备存在的必要性和选择的科学性。

情景家除了空调，还有新风、地暖。春夏秋冬，春秋相对温和，夏冬相对热烈些。空调主要为夏天服务，而地暖则为冬天准备。当然，在南方地区，不得不提的是春季回南天。

南方的潮气可以让墙上直冒水，整个家湿成一片。而在冬天，珠江三角洲冷的时间虽然不长，但那种潮冷让人很难受。

这些其实也是情景设计需要考虑的，只有详细了解每个地区不同的气候，才能更精细化地做好情景设计。

在杂志上、网络上看到的很多作品，感受到的仅仅是视觉效果，无法全面了解这些作品的其他视角，所以也不要轻易被迷惑。设计一定要与时间交融才能呈现出它的原貌。

说回情景家，因为太太与孩子们不太喜欢一直开空调，一来因为在室内过于舒适，外出时就会出现非常明显的不适感，这种感觉让她们非常不舒服；二来她们有节俭的习惯与品格。

因为通风较好，整个夏天下来，我们感觉不太闷热，空调一般有客人来访或家庭聚会才开。

还有一种情况是楼上的“方舟”，即孩子们的房间，基本80%晚上睡觉时都会开空调。不得不提的一点，当“方舟”里的空调与新风同时开启时，舒适度比单开空调明显高出很多。

再说回冬天，在那段虽然不长的南方冬天里，地暖确实带给我们极大的舒适。

楼下公共区域铺的是地砖，在冬天，砖的冰冷感会透过脚底向全身传递。

如果是光脚，会感觉如同踩在冰块上，即使穿鞋，依然能感觉到地面的寒冷。这种感觉，只有设身处地，才能刻骨铭心，否则会是“好了伤疤忘了疼！”。

我在寒冷潮湿的冬天里，在朋友圈发过一条消息：地暖推荐或收订金的最佳时期是在此时。否则，在春夏秋季聊地暖，都会被鄙视与嘲笑，然后对方加上一句：

没有必要。

如果说选择局部做地暖，个人建议原则是：在铺地砖的区域要做上。

因为情景是连贯的，一如在夏天时，家人不喜欢在太舒适的室内与燥热的室外频繁切换的感觉。

如果卫生间铺有地暖，觉得过道没必要安装，又在客厅安装，那么冷与热的对比就会更明显，而这种明显的对比所带来的体验甚至比不装地暖更不好。

还有一个非常重要的提醒，地暖安装时一定要布线均匀。提前检查好散热面是否够均匀，否则后期铺装后，会出现局部不热的情况。这种感觉也非常影响体验，这也是我踩的坑。幸好，当初选择安装地暖，纯粹是为了体验感受，而在我们这边最多只使用一个月左右而已。

秋冬季，从一大早到中午，都能看到太阳肆意地跑进我们的情景家中。阳光一早就进来驱散夜晚残留的寒意与黑暗，光如刻尺一般在某月某日如约地出现在某处，稍作停留，又继续移动，9月的阳光与

10月、11月、12月同日的阳光会完全不同。

在这种变化中又有统一性，同年同月同时，它出现的点几乎相同，我们还在“席室”墙上刻画了立秋与立冬当天中午12点的标志。

微妙、细腻，是这个时代最缺乏的一种表现力与感染力，当我

们从家中感受一年四季的变化，能在这些变化中发现各式各样的美，才算得上真正的生活，也只有这样，才能找到活着的感觉。

在冬季里，我们感觉气氛到了，也会点燃壁炉，让火苗燃烧。孩子们围在壁炉前，盯着不断闪烁的火，我问她们："这些火在干吗啊？"

"它在跳舞！"慕语盯着火苗奶声奶气地回答。

……

## 365天

365天是一年。我们的一生，如果是八十年，也就是2万多天。那么，家的365天，又有多少个点值得我们来思考呢？

在规划我们的情景家时，我就带着画言、画语来到现场去感受。主要目的是让她们见证创造与设计的力量，从楼上卧室的窗户跨过阳台时（是绝对安全的环境），我问画言感觉这个房子怎么样？"还好吧！"，她有点失望地回答，"这个房子有点奇怪，还有些危险。"后面她补充道。

365天里，有几个重要的环节。第一个环节为设想方案与沟通；第二个环节为拆除阶段；第三个环节为重建情景框架；第四个环节为水电改造；第五个环节为贴砖；第六个环节为木工；第七个环节为订制。每一步都非常重要，而且是环环相扣。

每个阶段，我都刻意创造机会让家人参与其中。我记得拆除后产生一堆又一堆的建筑垃圾，我们一家还在这个阶段拍下了一张合影留念。

这些都是我们的情景家建造初期阶段。随着进展，家人们还参与了框架建造后的感受及所有比较重要的决定。

如拆除三处楼板时，太太出于安全性反对拆，而我觉得这三处非承重板，拆除能为情景设计带来不少于21种情景，现场体验了一番拆后空间。太太还是不支持、不反对。但我相信时间会带来认知上的变化，让时间来推动每个阶段的发展。

时间，是情景设计中必不可少的要素。它能让想象与现实重叠。如果说想象是另一种维度的真实存在，它不能靠听觉、视觉、嗅觉与触觉感知它的存在，那么现实则是能感知到的“想象”。想象与现实重叠的关键点是我们对道理的知晓，还有必不可少的一点，就是时间的桥梁。

回顾这365天，我发现过去是模糊的，但又真实存在着。这种真实是自己真正经历过，用四感体验过的。

我们所感知的世界是非常有限的。在我们无法感知它存在的时候，它就已存在，而时间也是世界的一部分。

这也是我对情景设计痴迷的原因。用我们的想象力来设计，让时间把想象与现实重叠，尽自己所能去学习研究，这样想象与现实的重叠面会越来越大，直到接近完全吻合。

过去的365天是造梦的时间。回顾我们的情景家建造过程，情景设计的画面就是我盼望的源头，我看到孩子在未来的钢琴区的位置用想象来弹琴，更加盼望能用四感感知的情景早日呈现。

当我想象阳光短暂停留在我们的情景家各个墙面上，宛如艺术作品时，更加期待早日入住。

365天，足足一年的时间，很多人说，装修是一场修行，说这句话的人，常常带着自嘲与无奈，也传达了装修的艰辛与不易。

365天，让我们学会忍耐与思考。我们常常会因为各种小事而烦恼，除了让想象情景与现实重叠的目标，家人之间的爱支持着我们前进，这才是真正的修行。

在我的很多分享中，都特别强调筛选客户。其实只有筛选出那些真正把房子当成爱的港湾，而不是只关注预算的客户，才有可能共创出美好的情景家，否则会耗掉自己所有精力且毫无益处。

毕竟，每个人对设计的认知都是不同的。每个人对实践的感知也不尽相同。

## 时间以外

由一个设计项目，写一本书。由一本书想到时间，由时间想到人，由人想到世界。在我们的情景家中的某一天，我忽然发现时间飞快地流逝，从换房到装修，再到入住，然后是日复一日的生活。

有时间的话，我都坚持中午回家吃饭。关于中午回家吃饭这事，之前和很多人分享过，每天中午花1小时与家人在一起，一年就是365小时，10年就是3650小时。

我珍惜与太太、孩子们在一起的时光，包括但不限于分享知识和收获，在一起的每一次午餐时光 ，都能给彼此带来一点温暖。午餐时光，有时我们会分享上午的收获或讨论一件事。当然，也

有无所事事的例行午饭时光，偶尔我也能看到太太与孩子们的冲突与不愉悦。

记不清在哪一天，我在家中顿悟：我要记录每一天发生的事并总结复盘。不然，我们将会在温水煮青蛙般的舒适中丧失了起初的热情与梦想。我异常兴奋，并为灵光一现的想法起了一个名字，叫《历历在目》。

我要在我们的情景家中践行，所以有了一家人每天晨跑的记录。写此文时，我们一起晨跑了27天。一家人晨跑不同于自己晨跑，如果是自己，可以迅速起床和出门，立刻跑起来。

一家人晨跑，则要考虑到每位成员的状况，还要处理好彼此的关系。早上叫她们起床，她们总会赖床或说不想跑了，跑的过程中，她们会说脚痛、胸口痛，反正各种各样的状况都会出现。

老三有时连走路都不愿意，更不要说跑了。回顾已经跑过的27天，我意外发现收获良多。

在这27天中，我总结了几点：

一、千万别求完美，不求完美的起床时间，不求完美的晨跑成绩。

二、27天不是连续的，期间外出旅行了半个月，国庆又外出了一周，都没践行晨跑。但我们要继续前行与记录，不要因为中断而沮丧或放弃。我们重新调整规则：在我们情景家中的每一个早晨，都尽可能践行这个计划。

三、我们的突破对象是自己。每个人、每一天、每一次都为自己定下两个目标：一个是保底目标，一个是冲刺目标。然后记录好自己的实际成绩，这27天，每一天我们都有记录，而这个记录本则放在餐厅旁的斗柜上。

四、我们一定要透过时间来看事物，如果查阅前几天与后几天的各自成绩，可能没有太大的突破，但是，在这个过程中，我们收获巨大：

（1）我们一家人共同习惯的形成。

（2）两个孩子都能毫无怨言地跑完了三圈。

（3）每个人的耐力与体力都有很明显的提高。

（4）各自都收获到了由于坚持带来的充实感。

关于这点，孩子们虽然不能很好地表达，但从她们逐步地投入中可以看出隐藏的喜悦。每一天，我都会告诉她们，今天是我们共同晨跑 ×× 天，她们都充满了干劲。

因为我也告诉过她们，100天后我们会有一个神秘奖励，是为了肯定我们一家人坚持100天晨跑的礼物。

这是发生在我们情景家中的日常。刚开始，我叫她们起床，她们总是赖着不起，有几次我非常想放弃，心生抱怨为什么起床那么难呢？我自己也无数次想放弃晨跑，因为如果她们不能尽快起床跑步，意味着我早上上班就会迟到。

后面总结出了几个小方法，我会用三次提醒时间来帮助她们起床，她们第一次被叫醒的时候，我会问："需要赖几分钟床？"她们往往会说10分钟，10分钟后，我还需二次提醒她们。往往到最后，她们都能克服起床的困难。

因为晨跑习惯的形成，我觉得如果我们一家人可以形成更多的好习惯，通过日复一日的积累，一定会有巨大的收获。于是我开始制作《历历在目》本子。这个本子设计，我自己先实践了几周，才开始正式排版，计划用6年时间来记录每天的生活轨道，记录日常所做、所想与所思。

《历历在目》的灵感源于我们一生的生活，我们不在乎别人的评价，更看重自己是如何评价自己的。

当记录了3天《历历在目》，我感叹自己的人生其实可以有更大的收获。绝大多数人在流逝的时光中匆匆走过，特别是手机成为大多数人消耗精神力量的重要物品。

如果我们能够控制自己使用手机的频率，调整好使用手机的“动机”或尽量少用手机，那么绝对会拥有更多的思考时间及成果。

如今，我可以查阅上个月的某一天所做的事，所思考的问题及总结出的要点，知道自己的时间花费在哪，也知道时间管理的艺术。它并非一成不变，有时候，我们为了某些有意义的事情，可以放弃对时间的把握。

“时间”原本是不存在的，太阳、地球、月亮三者不停地转动，让人经历从幼儿到老年、从生到死。如果我们不从宇宙维度来看时间，只能看到时间日复一日的流逝，却看不到时间以外的哲学与奥秘。

我把时间放到情景设计三大要素中，是因为唯有时间才能让我们更深刻地体会设计与生活。也唯有时间，可以让我们穿越空间及与不同时期的人物“相遇”。在某一天晨跑时，我忽然想到远在美国读书的侄女，她会在微信上与我们分享与讨论学习内容。

我想象她在大学图书馆中查阅各种资料，与老师同学讨论各种话题的情景，这是典型空间不同要素，我们无法跑到当地图书馆去阅读，空间不同限制了我们所接触的人物。但如果我们通过“时间”要素切入，那么可以突破空间的限制，甚至还可以想办法来突破“人物”限制。

如我们共同阅读一百多年前的某本书，虽然所处国家不同，但却能接触到同一本书里面的人物及思想，从书中汲取营养。

当我深刻地思考这个点后兴奋不已。我努力回忆所待过的“精彩空间”及在书中阅读过的“精彩空间”，一旦离开了物理上的“精彩空间”，便只有阅读到的“精神空间”意念而已。而阅读到的“精彩空间”，如果能深度思考，所留下的意念不亚于所待过的“精彩空间”。

我忽然明白日本著名建筑师安藤忠雄在学徒期间读到法国建筑师柯布西耶的书籍时的兴奋与激动。为了不让别人把书买走，他偷偷把柯布西耶的书藏到最隐蔽处，然后回去努力攒钱购买。

我们的情景家是我创造的物理空间，希望在这个物理空间充满温馨，也希望通过时间，能突破它的限制与暗淡。

# 美之人物

## 屋如其人

我常说，屋如其人。

能配得上这句话的人，一定会把时间与精力中的一部分分配给生活。

今天一位设计师找我交流。他表达了当下的困惑，工作十多年，基本没有休息。他也有三个孩子，一个10岁，一个9岁，还有一个4岁，几乎没有什么时间陪他们。他说自己非常内疚。接下来问我：当下他想找一间很厉害的设计公司提升一下，会不会改变自己又忙又累又赚不到钱的状态。

我询问了他财务状况及家庭结构与工作状况后，很快给他建议：先刹车，停下来休息一段时间再说。当下陪孩子与家人比去找厉害的设计公司更重要。

我不知道如果夫妻双方都很忙，这个家会是什么样的状况，房子的风格是否也不再重要。很多家庭，都在为孩子更“优秀”而奔命，为了赚更多的钱、孩子上更好的学校而努力，似乎只有这样，自己存在的价值与意义才能表现出来。

今年中秋节期间，我们拜访了一千公里以外的朋友。他也有三个孩子，房子是租的，但“家”却打理得温暖无比。

一家人住在独栋私宅中，门口开满了鲜花，屋顶种满了蔬菜瓜果，每一餐家人都亲手做饭，孩子每天有规律地进行户外运动与学习，过着很多人想象不到的安心生活，他们没有任何负债，家庭所有开销一年三万左右。

他们的孩子眼睛清澈明亮，这位朋友也很有才华，古今中外历史都很有研究。他完全可以运用他的专业与才能去赚更多的钱，去追求绝大多数人认为的“更好”的生活，但他却没有。

他告诉我，有一天他顿悟了，我这么忙是为了什么？我这么忙又会失去什么？如果让我重新开始，会选择什么样的生活？当他想通了，就去了现在居住的城市并定居下来。

我环顾了他的家，墙上挂满了他们一家人画的画，自己动手修建的柴火灶，墙面也是一家人动手翻新过的，质朴却温暖。在他家中，我仿佛能看到心安与喜乐。而这些，我在很多千万豪宅里也无法看到。

国庆期间，我们也回了一趟老家。一位朋友也把他们一家人从我们共同所在的城市切换回了老家。国庆期间，我们去看望他们一家了。

他把老家的房子布置得温馨与舒适。每个空间顶上都配了一台电风扇，风缓缓地吹，孩子们坐在榻榻米上玩着简单的游戏，他儿子还带着一只乌龟在客厅里缓缓地散步。

他太太告诉我们回到老家这边生活，感觉整个生活节奏都慢下

来了。孩子们也与我们分享，回到这边后，每个礼拜的体育课都会上，之前老师常常取消他们的体育课……

我朋友依然每两周在两个城市间奔波。但他感觉踏实了很多。在之前的城市，孩子学业的压力、学费的压力让一家人长期处于不安状态。

我也见证了他亲手在老家建造了一个家。而这个家，是他自己把关完成的，待在里面，让人感到心安与舒适。

屋如其人，屋的状态反映居住者的状态与心态，也反映了他对事物的看法与对美好的探索。

说回我们的情景家，令我印象深刻的一件事是：当初画言说，感觉家里有点旧，有一点点不喜欢。但住了一段时间后，有一天她突然说，感觉我们家好好看。

## 丈夫与父亲

房子，被称为港湾，又被叫作家。如果单纯是一间建筑物，不能称为港湾或家。因为港湾或家是人的情感抒发的载体，一定存在两人或两人以上的关系在其中。

同样，当男人成为丈夫的那一刻，他已经不再是一个人了。他必须为这个家遮风挡雨。

从这个角度来看，丈夫又像一栋房子。而当夫妻两人有了孩子，男人又多了一个身份，那就是父亲。责任更重了，精力进一步分散了。作为父亲，除了应当主动承担起养家的责任，还必须关心儿女，在孩子的教养方向上亲力亲为。

这是我十年来学习到的经验。我非常清楚地知道：如果自己不朝这些方向走，就绝对配不上“丈夫”或“父亲”这个称呼。姑且不讨论做得好与坏，先确定自己朝这些方向在努力。

当男人成为丈夫与父亲，并用心投入其中时，他对事与物的看法会不断变化。他不再为自己而活，更多在为家人打拼。

我们现在所处的时代，是打造“社会精英”的时代，是产生各种理念、分流出各式各样派别的时代。从房子装修到育儿教育，再到夫妻相处，都有很多“思潮”诞生，这是人才层出不穷的时代。

买下这个房子时，我提醒自己，不能随心所欲地设计，而要把这个房子变成港湾与家。我需要从丈夫的视角去看妻子的需求，还需要从父亲的视角去看待孩子们的成长所需。

一旦进行了定位，就有了方向及努力的动力。我决定从零记录这个毛坯房变成可以居住的房子，再从房子变成家的过程。这个过程起码需要三年或七年，或许更长久。

在房子装修的过程中，我带她们来到现场，去感受刚被拆除的空间，感受新造的布局。在每个关键阶段，我都会让她们参与其中去选择与决策。她们见证了这个房子慢慢呈现出可居住状态的全过程。

在前年临近春节前，我们一家人围在壁炉旁边吃外卖，提前感受情景家的氛围。我已经把这个房子的设计与装修过程当成了一家人寻找与探索情景设计的经历与游戏。

我相信多年以后，她们依然会回想起房子从昏暗变明亮，从狭窄变宽敞，从生硬变柔软，从乏味变有趣的历程。她们也一定会想起我们把煮好的饭菜带到施工中的家中品尝，模拟各式各样入住其中的情景。

木工进场时，带画言到现场感受空间

如果我没有从丈夫与父亲的角度看待事物，就无法在情景家装修过程中有一系列的行动与安排。

写到这里，想起了一位与我们家庭理念相近的弟兄，和他分享过这样一句话：“我们都是第一次当丈夫，也是第一次当父亲，一定有很多做得不够、做得不好的地方，希望太太与孩子们多多包涵！”所幸的是，我们走在一条符合哲理而非潮流的路上。

在我们的身边，有各种不同职业的丈夫与父亲，他们都在努力成为自己家中的中坚力量，学习用爱去带领家庭成长，努力把房子变成港湾与家。

他们虽然不一定能攒很多钱，也不一定有多强的能力，但他们愿意投入，用心经营自己的家庭。一位前辈设计师与我分享过，男人一旦当了父亲，才算真正长大。他曾经想过一辈子不结婚，后面遇到合适的人，于是登上了爱情的轮船，并生养了一对双胞胎。

有了孩子后，他必须“牺牲”之前自由自在的旅行，需要更多考虑到妻子与儿女的需要。他所说的长大，其实就是考虑问题的角度发生了改变，所思、所想、所做与之前都大有不同。

这种不同是突破与进步。人随着自己所想的去做相对较易，而要随着自己所不想的去做则更难。这种长大就包含突破。男人的成熟就是在这种自我破碎与重塑中不断升级。

先做丈夫，再做父亲，其实是一种递进升级的智慧之道。设计装修一个房子，考虑夫妻两人的需求相对轻松，如果把孩子们的需求也加进去，那需要考虑得更多更深入。在中国，绝大多数房子设计时是不会深入考虑这些问题的。正如大部分人从来没有认真学习如何经营婚姻，如何去教养孩子。

我也不知从什么时候开始，已经厌倦那种讨论造型的设计，也非常不喜欢做那些表面华丽的装饰。我更喜欢委托人可以用关系的视角去看设计，用变化发展的观点去看布局。

情景设计，其本质是用关系视角来做设计。同样的面积如何分配，哪些空间是独享的；哪些空间是共享的；哪些空间必须是连接的；哪些空间可以浪费；哪些空间可以舍弃，其实都含有设计者对事物的看法及价值观。

我觉得自己对私宅设计的深入理解是从当丈夫开始的。然后更

情景家二楼阳光手工房墙上挂的建筑模型

进一步深入，是当父亲那一天开始的。

当了丈夫后，我对“爱”有了不同的理解，并创作了《爱之风格》，并在设计项目中探索出了很多爱的情景。在有了三个娃后，我又写了《我们的情景家》并学会了从孩子的视角来做设计。

## 妻子与母亲

我与太太相识于大学的英语角。不记得当时哪来的勇气，在第一次见面时，出于好感，我向她索要联系方式，而她给了我宿舍座机号码。后来开始慢慢交往了解，约一年多时间，确定了恋爱关系。

记得有一次，我送她回宿舍，问过她这样一个问题：“你希望以后的家是什么样子的？”她告诉我，希望家是整洁舒服的，所有东西都摆得很有条理，还有一些内容我记得不太清晰了，但在内心种下了一颗种子：工作后，想办法给她一个梦想中的家。那是17年前的事了。

毕业后几年，我们结婚了，但还是没钱买房。后面在家人的支持下，才买了一套100平方的小三居。当时每个月需还贷2000

元，我没感到任何压力。但没意识到，这笔贷款对太太来说是一座无形的大山，有几年时间压得她很不舒服。虽然，我们每个月还款并不紧张，但她觉得失去了没贷款时的那份安全感。

许多年后我才明白，夫妻之间相处最重要的是理解对方的感受。千万不要认为自己的感受能代表对方的感受，而且往往是夫妻双方不同的感受，才能构成合二为一的奇妙。后来，我们把这套房子的贷款一次性还清了，虽然很多人看来大可不必。但还完贷款后，太太非常安心。

再后来，我们计划换房，太太也给我定好了原则：换房可以，但不能贷款，装修也可以，还是不能贷款。这两条让我有点紧张。心想，难道看到好的户型，稍微贷点款也不行吗？心里虽然有点不服，但还是要遵守“不借贷”的原则。

因为我知道，“心安”才是家的灵魂，没有了心安，一切都是泡沫。在太太的理念中：当需要去借贷才能做成一件事，那就不是当下该去做的；如果做了当下不该做的事，那么就一定会为提前做的付出代价。这样的观念，很多人并不认同。

我记得有一次夫妻交流会上，我们分享了“不借贷”原则，很多夫妻表示不赞同。但前几天，我们与另一对夫妻交流这方面内容时，这对夫妻表示非常认可这个观点，因为他们在近两三年因借贷而产生压力，再加上疫情及全球经济低迷，他们财务状况也相当困难。

每当一些银行打电话过来询问要不要贷款，我总是毫不犹豫地告诉他：“不需要！”

太太属于保守派，却让我们一家人走在心安的路上。当我们成为夫妻，她就一直在学习如何辅助我。借着情景家，我们又学习了夫妻该如何沟通及互补，一起见证了在坚持自己家原则的情况下获得的心安。

太太在我们大女儿出生后就一直在家。三个孩子陆续出生，她在家也有10年时间了。她常与人分享：现在非常享受在家的状态。

对于孩子教育，我们也一直坚持自己的原则：不培养社会精英，让孩子有分辨力，有思考能力并尽找寻找到自己的人生使命与目标。太太看重孩子的品格高于能力，虽然在陪伴教养的过程

中，我们夫妻也会有一些不同意见，但在原则与方向上我们是一致的。

我常与人分享，我们家的厨房肯定是我们所有设计项目中用得最多的。一日三餐，每餐五人，日复一日地进行着。

10岁的老大偶尔会一人买菜做饭给我们全家吃，这是太太培养的，还告诫每个孩子都要珍惜食物，好好吃饭。很多人来我们

家作客，看到两岁的慕语全程没人喂而完整干净地享用完正餐，都感叹这娃太棒了，这是太太用心教导的结果。

太太还喜欢收纳，她说断舍离不适合我们，留存道也不适合我们家，无论是厨房，还是书房，甚至是衣帽间，她都有一套自己的收纳整理哲学。

搬进我们的情景家后，她有更多机会接触到我的专业、我的朋

友及我研究的内容。她爱上了种植，在二楼小花园里，种了很多绿植，每当看到水洒向这些生命时，她能感觉到自然的力量与神奇。

可以看出，她爱上了我们一起设计的情景家，虽然她很少表达出来。家里的窗帘，床单都是她亲手制作的，她还用了那些穿小的衣服给孩子们改造成围裙、手套。

去年冬天的某一个晚上，孩子们都睡着了。我俩在二楼的阳光房里，她在缝衣服，我在写文章。我们时不时聊几句，后面她说了一句这样的话，现在的日子，她感觉很暖很幸福。

而我也相信并一直记住了这句话。

## 家有三娃

我要一个可以依然故我不必拘牵的家庭。我要在楼下工作时，听见楼上妻子言笑的声音，而在楼上工作时，听见楼下妻子言笑的声音。我要未失赤子之心的儿女，能同我在雨中追跑，能像我一样的喜欢浇水浴。

——林语堂

时光在有娃的家庭里走得更快。我相信这句话能引起有娃朋友们的共鸣。10年时间，我们有了3个孩子，老大叫画言，老二叫画语，老三叫慕语。慕语刚出生时，我决心换房，就是想给孩子们一个更好的成长空间。

和绝大多数人不同，我们换房不是为了学区，也不是为了升值，纯粹是为了我们一家人的学习与生活。对于学习，在我的概念中，应该是随时随地发生的，它不应该只在学校，它的检验形式不应该仅局限于考试。我与太太都是从传统高考中走过来的，我们非常深刻地意识到它的世俗公平性及隐藏于其中的局限性。

在我们的情景家设计过程中，我为孩子们设想了很多情景。包括她们可以学习书写的空间与位置；在家里学习整理衣物的能力。她们如何在家中树立整体观、团队精神等都在设计思考的内容中。

我引导她们去发现光线之美，规划一些地方种植绿植，引导她们去观察每种植物的共性与不同，在小中空位置，我们共同见证了“芭蕾舞”（我和孩子为我们家的嘉宝果树起的名）的逝去，

又见证了多肉植物绿爪的重生。

记得某一天晚上，太太让大女儿做一份旅行报告。而大女儿一味想用一些电脑特技去整理旅行照片，对于为什么要做这个报告没有深入思考过。我看出了问题所在，于是引导她到另外的空间来沟通。

我问她，我需要半个小时单独与你沟通，你是否愿意一起讨论？刚开始，她比较烦躁，眼睛还盯着电脑，顿了很久，最后说可以。但补充了一句，能不能不要那么久？我点了点头。

我们来到二楼阳光房位置，蘑菇桌在落地灯的光照下质朴无比。我希望这是一次质朴而有深度的对话。我问她："你知道你做这次报告的目的是什么吗？""不知道。"语气中似乎有些情绪。"那我们先来找找目的吧。"我轻柔地说。

"我们做任何一件事，其实都是有目的的。"我接着说。"让小伙伴们了解更多我们去过的地方，分享给大家。"她似乎开始认真思考了。"很好！"我马上给予肯定，对于肯定，我从来不吝啬。"还有，得到妈妈的肯定！"她又快速地补充道。"嗯，这也算一个，还有吗？”我继续引导……

后面，她实在想不出来了。我继续问她：“安徒生童话你看过吗？喜不喜欢？”她点了点头。“我问你一个问题：安徒生什么时候离开这个世界的？”她说不知道。“1875年！”我接着说：“你数一下他离开多少年了呢？”她开始计算，过了一会，她说：“147年了吧！”“对，接近150年，他的作品依然被人热爱并讨论。”

“你知道为什么吗？”我引导她继续思考。“因为他故事写得好。”她不假思索地回答。“为什么好呢？”我继续追问。她想了很久，没有回答。“因为这些故事都很经典。”我补充了一句，“对！桐桐（她的一个好友）说老师经常拿安徒生童话让她们讨论故事里隐藏的思想。”她忽然非常来劲地与我分享。

“我们再挖深一些！”我继续引导。“如果把每个故事拿出来一层层剥开，你会发现几乎每个故事里都有一个以上的真理隐藏在其中。”她似懂非懂。“真理是什么？”我在自问自答。“真理是永恒不变的结论。”我故意把语速放慢了。“一千年前不变，一千年后依然是这样。”我看着她，继续说：“比如说爱是恒久忍耐！这就是真理！”

“嗯。”她点了点头。

“那么，我们大胆假设一下，如何才能让你的这份旅行报告更有价值与意义呢？”我又开始抛出问题。

“那一定是去寻找可以与真理相结合的点。”她很肯定地回答。

“对了！”我点了点头，“凡事皆可分享，但不都有益处，我们的分享一定要带给别人益处，并努力想办法让这种益处可以经得起时间的考验。”我越说越来劲……

这是我们的一次讨论与交流。

桌子旁边老二在画画，时不时抬头听我们讨论。此时老三已在床上呼呼大睡。

当然，在情景家中也有各种各样的“不和谐”，如姐妹俩在收晾衣服过程中的小冲突，再如老三看到姐姐们吃两根自制“米肠”而自己只有一根时的伤心哭泣。

老大与太太的冲突也时常发生，但因为有足够的独立空间，每次冲突后，她们都会寻找到自己的地盘安静地休息，然后重归于好。

有一天中午，我打开家门，发现有些不对劲。太太一脸疲倦，老大在用痛苦的表情做着功课，两个妹妹坐在饭桌前等着吃午餐。见我回来，老二老三非常开心：“爸爸回来啦！”她们像往常一样欢喜。而太太与老大沉默不语，这时候是她们需要安静的时候，我知趣地帮助老二老三准备碗筷。

太太把饭菜拿到餐桌后，就上楼了，她说午饭不吃了，休息一下。看到她疲倦的样子，又看到老大那种痛苦的表情。我忽然有些火了，控制不了自己，也没去了解事情的来龙去脉，就把老大数落了一顿。

后面老大也哭着上了二楼。

老二与老三还好，有说有笑地慢悠悠享用午餐。

安静下来，我为自己的行为而羞愧，不分青红皂白地数落孩子是我的错。我告诉自己一定要去道歉并改掉这个武断的毛病。

后来，我休息了20分钟左右。听到客厅传来练琴声。走出房间，看到太太抚摩着老大的后背，而老大正在看着琴谱弹着钢琴。

老二和老三两人在搭积木……

## 父辈

在我创办的创业设计师社群21CT里，总会闪烁出一些亮光，让我更加坚定自己在职业上的研究方向。

记得有一天，Amy同学分享了她从小长大的家，她说每次回老家都会因为爸爸20年前设计的一个屋顶而感动。围绕着这个屋顶，她聊到了小时候的家，以及一家人生活的情景。

其实，这些都是珍贵的无痕教育，父辈可能没有想太多或太深，他们这样的行为能带给孩子们怎样的益处？也许他们凭着自己对空间的感悟或曾经的“见识”在居家环境上用心投入。但这种无意的投入却给家庭成员特别是小孩带来无限的回味与诗意。

家对于所有家庭来说都是非常重要的。虽然现在我老家也在十多年前盖了四层高楼，但我依然很想念之前陪伴我长大的房子。我记得那时的家是一半为三层、另一半为一层的小楼，这三层的一楼是小店，加上一个房间。另一半只有一层的房子，主要是厨房与卫生间。

在一层的露台外砌了一些红砖当作栏杆，站在上面能看到一年四季不同景观的农田。依稀记得当时养过一只大狗，我们站在阳台处，看着它欢快地在田间小路上狂奔。这些红砖一直没有批荡（抹灰），父母的计划是等赚到加建的钱再来动手。

小时候，我父亲在外开大货车跑长途养家糊口。我们慢慢长大后，他会和我们说一些在外遇到的危险。有被抢劫的，有翻车的，还有一次长途开车太疲惫了，父亲和搭档连人带车掉到了山沟里，所幸无人伤亡……母亲在家经营着小生意，照顾我们四个兄弟姐妹，日子平淡却踏实。

家对父亲来说也是心之所向。大卡车运输每一次外出，短则三五天，长则十多天甚至半个月，那时没有手机，也没有其他联络方式。

每逢父亲归家的日子却不见父亲回来，母亲就非常担忧。因为运输工作也存在着很多不确定因素，如装货延迟，路况意外，卸货延时等，这些都会让运输时间变得格外不稳定。每一次外出，都有一次归家，每一次归家，都有一次等待，也有一次期待。而家，就是父母“相遇”的地点，也是我们一家人守望的地方。

父亲每次匆匆忙忙回来，补觉、休息一两天，又赶下一趟任务了。母亲与父亲的对话也不太多，我们与父亲相处的时间也是少之又少。但因为有了家，我们能回忆起当时父亲睡的房间，也能记起父亲在一楼呼呼大睡的鼾声，以及我们蹑手蹑脚上下楼的情景。

家承接着记忆，虽然有母亲及我们对父亲每次长途运输迟归的牵挂，但因为家的存在，这种牵挂却又多了一份天然的安稳感。小时候的家，开启了我对空间的探索之心，我喜欢钻到床底下打造个人世界，也喜欢找一些阳台来搭纸皮屋。

我依稀记得小时候因为与弟弟打架被母亲责骂而生气，躲到了房间床底下，盘算着时间，过了半个小时，母亲还不叫我，一个小时又过去了，她还是静悄悄。约过了两三个小时，我饿得实在受不了了，偷偷摸摸下楼找吃的。我蹑手蹑脚走进了厨房，发现锅里隔着热水帮我留好的饭菜，小时候那盘黄豆芽炒牛肉的味道依然清晰记得。

也许，这些家的记忆在帮助我寻找私宅设计最佳状态时起了很大的作用。当我在写此文或你在读此文时，无论是童年的家还是我脑海中的情景家，其实都变成了一种意念。

童年的家也许已重造而不复存在，而我记忆中它依然存在。它们既虚幻又真实，而其中又非常微妙，真实的感觉源于我们实实在在的经历，而虚幻感是因为它们都成为意念而且可以共存。

我相信，每个人都有自己童年对家的回忆。而如今，我们也在为自己的孩子创造这样的回忆。正如前面所说，真实空间所感受的意念是重要并值得重视的。因为它能与我们的未来共存。

我们所处的时代，人越来越忙，忙着工作，忙着学习。家人、孩子与家的关系也越来越弱，通讯发达，每时每刻我们在哪都能一清二楚。但以前的那种彼此的牵挂在科技面前慢慢消失。

对于有条件建造自己家宅的人，他们更热衷其呈现方式，更在意它带给自己的优越感或身份认同感。而那些没条件打造的人则将就而过，不花任何精力去打造意义非凡的家。

前段时间与太太聊天，她说我现在对设计的理解宛如盲人重见光明。我看到光进入室内的欣喜若狂，让太太想起了我刚毕业时的居住环境，选择那些昏暗沉闷的房子居住却毫无感觉。

而那时我还是从事室内设计工作的专业人士。那时候我根本感觉不到光的变化，甚至是它的存在，每天都在埋头苦干。虽然那时候的设计也有模有样，却缺少了很多重要的元素。

我们搬入情景家没多久，父亲从老家过来参观我们的新家，简单“入伙”。记得当初砌墙时，父亲来看过一次，这是他第二次来。在阳台处，我帮他拍了一张照片。从父亲的家到我的家，我们不单单经历了空间的变化，也经历了时间的变化。

待了两天，父亲说要回去了。一来他不习惯城市的生活；二来因为惦念着母亲。母亲生病在家卧床近十年。童年的家拆除重建后几年，父亲与母亲在家经营着汽车帆布。后来母亲生病了，父亲就停下来照顾母亲了。也许，在父亲的心中，有母亲的地方才是家。在那里，有着他亲手努力建造的家的痕迹，有着无数个彼此牵挂的日夜。

每隔一段时间，我们一家人会回老家看望父母，母亲躺在床上，不能说话，也不能动，父亲十年如一日地照料母亲的日常，时不时会说一些家附近发生的趣事，母亲听后会露出笑容，有时还会哈哈大笑。

童年的家已从之前的情景切换到如今也许很多人看起来有些可怜的状况，但我却能看到其中隐藏的祝福。小时候，我觉得父亲脾气暴躁，常常大声斥责母亲，总觉得他不爱母亲，在母亲没有生病之前，我都有这样的感觉。

我无法想象父亲会在十年时间里日复一日地精心照料母亲。在我从小长大的那块土地上，父亲用行动告诉我们，他是如此看重母亲，又是如此深爱着她，父亲用这十年给我树立了很好的榜样。

这些年，爷爷奶奶陆续走

了。父亲主动放弃了他本该有的宅基地，也放弃了所有的农田。他说，爸妈走了，很多东西也不在了，他现在也不缺钱，愿意把所有的一切给他弟弟。

以上所有的一切，都发生在我童年的老家里。

家，是什么？是一个物理容器？是每个人所经历的时间的载体？这些都是片面的，家是一家人彼此牵挂与相爱的场所，它能超越时间的限制并能影响一代又一代的人。

我想，有一天，我也会回到父母的身边，再次建造一间属于我们的情景家……

## 接待

“看见即拥有”是一种生活态度。我曾分享过，在我们情景家外面有如森林般的绿叶我们拥有了，是因为我们看见了。有许多东西其实一直就在我们的身边，却未曾被我们拥有过。

如孩子的纯真与小调皮本应为美，但我们总觉得无聊与烦躁；再如光线变化如一幅伟大的画作，我们却无视无感。看见与看不见之间有一个重要因素，那就是繁忙。繁忙让我们无法留意日夜交替，也没时间回忆自己曾经是孩子时的兴趣所在，繁忙让我们一直只顾自己的事，不愿意去做一些看似无用的事。

搬家后，我们一家人讨论，可以有规划地接待一些朋友了。对于接待，我与太太都不擅长，之前也常常觉得是一件非常麻烦的事情。但总有一些朋友好奇我们的设计，经常问能不能来家里看一下。如果来者不拒，我们肯定很吃力，毕竟这是我们生活的地方；但如果一味地拒绝别人，似乎也不太好意思。

于是我们做出规划，陆续满足了那些想来参观的朋友，后面也制订了未来接待客人的计划：最好是夫妻双方，并且有孩子的家庭。一来大人们可以交流生活工作上的心得，小孩子也可以一起玩耍交流。所以当一些人提出过来家里参观时，我们常常提醒对方，可以带上另一半和孩子过来。当然，我们有时也主动邀请一些夫妻来家里交流。

我们尝试把一件很普通的事情变得更有意义，也希望能够持续做好这样一件小事。在入住一年左右，应该有十几对夫妻来过我

们家，大部分有过深入的交流。记得有一次，我们邀请了原来的邻居夫妻来家作客，但刚好她先生要值班，她就带着小孩在我们家待了一个下午。她一进门，就非常惊讶地感叹，因为想不到这个小区里还藏着这样一个家，特别是刚经过比较幽深的公共通道。

当大门打开的一瞬间，她情感完全被触发，她表示，这就是她所喜欢的家所呈现的样子。我带着她逛了一圈，也简单地说明了每处的设计设想，每一处，她都表现出这正是自己想象中的情景。孩子们很快玩成一片，我们也坐下来开始闲聊。

她的话匣子一下子就打开了，聊到自己这几年的经历，包括平时喜欢的缝纫、书法、中医等，她在其中找到的一些共性，也聊到对孩子教育的看法。反正，在壁炉前，我们三人不断地分享、交流，原本没有机会深交的朋友在此刻似乎已经变成了非常知心的好友。

她说，这些年来，很少遇到能交流的朋友，在这个城市里都是泛泛之交。今天来到我们家里，她一下打开了心扉。后来，我们一起在家吃简便晚餐，吃完饭后，大家又开心地聊了很久。

过后，我与太太交流，环境真的可以触发人的情绪。比较有层次的灯光布置，质朴天然材质的座椅及令人舒适的尺寸让这次对话有了非常好的基础，而双方对于美的理解与认知，则是同频交流的最关键点。我们总结：与其说我们招待别人，不如说我们也被“招待”了。在彼此分享中，我们也收获了很多之前没有了解过的知识。

当然，也有一些人对设计与美已经有了自己的一套规范，那么他们也无法发现太多他们想看到的。在接待中，我发现，人与人最大的不同是彼此的看法。同样一件物品或一件事情，不同的人有不同的看法。这也是为什么我一直强调同频重要。

后面我们接待了我与太太两家人的兄弟姐妹，也接待了21CT设计全体人员。21CT全国学员线下课，也安排过一次在家接待，最多时达到三十几个人。

在接待中，太太的厨艺大有长进，孩子们对于接待客人的概念也逐步形成。当别人进门时、参观时、交流时、告别时，我们应该怎样“接待”，孩子们也隐隐约约形成了一点小习惯。我们

来自全国的 21CT 创业设计师来情景家中学习交流

不刻意训练，在每次接待后，如果有时间，我们一家人会坐在壁炉前的小会客厅里随意讨论与总结。我们更希望孩子们看到我们接待别人的态度内心有所领悟，而不是形式上的接受。

记得有一次，朋友夫妻来访，他们的小孩玩着玩着就跑进我们孩子们的房间并跑上床蹦蹦跳跳，孩子们自己收拾好的小天地都被这位小客人弄得乱七八糟。当老大与老二发现自己地盘被人破坏后，非常生气与伤心。面对这种情况，开始时我们也不知所措，一来不能说教别人的孩子；二来自己孩子受伤了需要安慰，又要接待客人。

过后我们才总结出几点规则，而这个规则不是去规范来客，而是尽量避免

小客人上床去玩耍。对于小主人来说，绝对是一门功课，也非常锻炼她们的管理能力。

几个月过去了，有一天晚上回来，老大说老二今天去别人家玩时不应该跑上别人的床。老大特别强调，到别人家，跑到别人床上玩是非常不礼貌而且让人很不舒服的。老二低下头，应该回想起了当初她的床被人乱蹦乱跳的情景。

这些都是在接待客人过程中收获到的。如果单纯把接待当成一种付出，那么，我们就无法看到藏在里面的奥秘与成长。

在接待与帮助别人中成长，这应该会形成我们家非常独特的家庭习惯与文化。

## 写在最后

从买下这个普通户型的房子那一刻开始，我就计划把它变成一本书。设计、施工、生活，我的书写内容也在不断地补充。写下此文时，我们一家已经在我们的情景家里生活了一年半。加上之前装修一年多的时间，前期的手续及设计，也有大半年，这意味

着我花了三年多的时间来写这本书。其间，我还开设了一个设计专栏，名为《如何把普通户型变成经典住宅》，全国一百多位设计师参与了学习。

在这个专栏中，我开始把情景设计系统化及可视化，分享的目的是为了让更多设计师能从固定思维里跳出来，用立体思维来思考如何针对日常生活进行情景设计。很多人感叹，情景设计不仅仅是一种设计思维，它也是一种生活态度与价值观。

我们也整理了专栏中最核心、最有价值的几大思维模型免费赠送给读者。大家也可在微信里搜索公众号或视频号“21设计”，关注后发信息“我们的情景家”即可获得。

经典住宅，很多人觉得离自己很遥远，其实并非如此。我们只要抓住共享与独处空间的分配，用时间视角去选择进入空间中的每一件物品，加上对人物情景的理解，一定能从之前的普通重建成经典。

居住美学，不仅仅适用于毛坯房的设计装修，也适用于已住空间改造，甚至是临时租房的改善。在分享“情景设计”理念的过程中，我常常强调三句话：第一、世界上不存在“完

美”的户型；第二、每个户型都应该有它需挖掘出来的灵魂；第三、设计的目的是放大户型“甜点”，弱化户型“痛点”。

其实，上面三句话是我从情景设计要素“人”这块总结出来的。世界上没有一个完美的人，而每个人都有自己的优势。而人的一生是不断寻找自己的目标的过程，同时需不断自省自己的言行，力图不断成长。

《我们的情景家》的内容，希望能跨越专业与普通家庭产生共鸣。书中记载了初始户型，通过重拆、重建及一年多的点滴建造，一如我们每个人、每个家庭的成长与重生。

在这个快速变化的时代，我们应该如何定位自己？如何充分挖掘自己的优势并且不在乎别人的目光而深度垂直发展？我想，这是我们每个人应该去思考的。

写完此书，也意味着我们的情景家已经进入了新的生活阶段。未来，我依然会从生活美学这个点切入，持续地分享设计与生活的关系。也欢迎您在微信视频号中搜索“何见风”并关注，让我们共同成长。